GELBSUCHT

ZUR SYMPTOMATOLOGIE, DIFFERENTIAL-DIAGNOSE UND THERAPIE MIT GELBSUCHT EINHERGEHENDER ERKRANKUNGEN

VON

PRIVATDOZENT DR. ALFRED LUGER
WIEN

WIEN UND BERLIN
VERLAG VON JULIUS SPRINGER
1928

ISBN-13: 978-3-7091-9678-6 e-ISBN-13: 978-3-7091-9925-1
DOI: 10.1007/978-3-7091-9925-1

Vorwort.

In den vorliegenden, für den praktischen Arzt bestimmten Ausführungen soll die Symptomatologie, Differentialdiagnose und Therapie der regelmäßig oder unter bestimmten Umständen mit Gelbsucht einhergehenden Erkrankungen dargestellt werden.

Von diesem Gesichtspunkte aus ist eine gewisse Beschränkung des Themas geboten. Eine Besprechung der Ergebnisse der experimentellen Forschung, welche sich in den letzten Jahrzehnten bemüht hat, die Pathogenese des Icterus zu klären und in seinen verschiedenen Erscheinungsformen zu studieren, soll nur insoweit Platz finden, als es für das Verständnis der Krankheit am Krankenbette notwendig ist. Dies um so mehr, als ja viele, wir können sagen, fast die meisten der aufgestellten Icterustheorien, soweit sie bis auf die Bildung des Gallenfarbstoffes zurückgreifen, vielfach diskutiert und bestritten sind und von einer einheitlichen Auffassung gegenwärtig noch keine Rede sein kann. Das gleiche gilt für andere Probleme, die uns in diesem Zusammenhange interessieren, vor allem für die Frage der Steinbildung. Auch hier wird es bei der völlig ungeklärten Lage für unsere nur praktischen Zwecke besser sein von theoretischen Auseinandersetzungen abzusehen und bloß das klinisch Wesentliche hervorzuheben. Aus gleichen Gründen mußte mit Rücksicht auf die geringen, dem praktischen Arzte in dieser Hinsicht zur Verfügung stehenden Möglichkeiten auf die Schilderung komplizierter laboratoriumsmäßiger Untersuchungen verzichtet werden. Auch in diesem Punkte soll nur dasjenige hervorgehoben werden, was vom praktischen Arzt selbst durchgeführt werden kann. Eine derartige Beschränkung fällt um so leichter, als es tatsächlich nur einige wenige Methoden sind, welche uns praktisch differentialdiagnostisch weiterbringen oder vom prognostischen und therapeutischen Standpunkte aus Bedeutung gewonnen haben.

Auf die Ergebnisse der Röntgenuntersuchung, obwohl sie gerade in dem hier abzuhandelnden Kapitel der internen Klinik keine überragende Rolle spielt, ist trotzdem eingegangen worden, wobei aber auf jede Schilderung der Technik der Röntgenuntersuchung verzichtet wurde, da diese ja in der großen Mehrzahl der Fälle nicht vom behandelnden Arzt selbst durchgeführt wird; immerhin wird eine richtige Auffassung und Einschätzung andernorts erhobener Röntgenbefunde auch für den Praktiker nicht gleichgiltig sein können.

Wien, im Juli 1928.

Dr. Alfred Luger.

Inhaltsverzeichnis.

Einleitende Bemerkungen.

Wenn wir bei einem Kranken Gelbsucht, das heißt Gelbfärbung der Haut oder der sichtbaren Schleimhäute feststellen, ist es wichtig, daran festzuhalten, daß wir es hier nur mit einem, und zwar sehr vieldeutigem Krankheitssymptome zu tun haben. Gelbsucht ist keine Diagnose. Die Feststellung der Gelbsucht löst erst unsere differentialdiagnostischen Erwägungen aus.

Ich darf hier vielleicht einige Bemerkungen allgemeiner Art, den Gang unserer differentialdiagnostischen Überlegungen betreffend, vorausschicken, die auch gerade in den Fällen, wo es sich um ikterische Patienten handelt, ihre Nutzanwendung finden.

Wenn wir an das Bett des Kranken treten, ist es oft eine charakteristische anamnestische Angabe des Patienten, welche sich aus irgendwelchen Gründen aufdrängt und unsere diagnostische Vermutung in bestimmte Bahnen lenkt. Es gibt nun zwei Wege. Wir können diese Spur verfolgen und abgesehen von einer allgemein orientierenden Untersuchung jenem Organe besondere Aufmerksamkeit zuwenden, welches auf Grund des ersten Eindruckes Sitz des Leidens zu sein scheint; und es wird uns dabei in manchen Fällen gelingen, auf diesem abgekürzten Wege zur richtigen Erkenntnis zu gelangen. Als allgemeine Richtschnur unserer diagnostischen Technik möchte ich jedoch diese Art des Vorgehens nicht befürworten. Wenn auch immer wieder einzelne Autoren davor warnen, sich in seinem Urteil von mehr oder weniger entfernt liegenden Möglichkeiten beeinflussen zu lassen, an die alltäglichen Erkrankungen in erster Linie zu denken und eher auf die Diagnose ungewöhnlicher Krankheitszustände oder Komplikationen zu verzichten, so möchte ich doch, den Lehren Neussers und Ortners folgend, geradezu meinen, daß nur der Umweg in der Regel zur richtigen Diagnose führen wird. Im Krankheitsbilde dominierende Symptome, charakteristische und auf bestimmte Organerkrankungen zielende Bemerkungen in der Anamnese, ja selbst anscheinend durchaus eindeutige chemische oder mikroskopische Befunde, etwa der Nachweis eines bestimmten Erregers in der Blutbahn, eine leukämische Veränderung des peripheren Blutes — all das kann irreführen, wenn wir es uns nicht zur Regel machen, zunächst die ganze Reihe der Möglichkeiten durchzudenken, uns etwa daran erinnernd, daß eine Haematemesis nicht nur Symptom des Magengeschwürs sein kann, daß eine Unzahl weit voneinander abliegender Krankheitszustände zu dem gleichen Symptome führen können und daß wir erst nach Ausschluß dieser daran gehen dürfen, uns der Diagnose Ulcus ventriculi zu nähern. Ähnlich wie wir es uns bei der Aufdeckung einer abnormen Resistenz im Abdomen zur Regel machen, uns nicht sofort auf diesen Tumor zu stürzen, ihn in seiner Eigenart zu erfassen, sondern uns von diesem absichtlich fernhaltend, uns zunächst davon zu überzeugen trachten, ob die Abdominalorgane in ihrer normalen Lage, Größe und Form nachzuweisen sind und uns erst dann nach genauer Abtastung des ganzen Bauches, wenn der Ausdruck gestattet ist, konzentrisch der in Rede stehenden Resistenz nähern, so erscheint uns auch in der allgemeinen Differentialdiagnose ein derartiges Einkreisen der Diagnose durch leider ja häufig genug auf reinen Wahrscheinlichkeitsschlüssen aufgebaute Exklusion anderer Affektionen als der richtige Weg, wenn wir oft schwerwiegende Fehler vermeiden wollen.

Gerade die Besprechung des Icterus zeigt, wie wir uns davor hüten müssen, dieses Symptom in seiner Bedeutung für die Diagnose einer Affektion der Leber oder der Gallenwege im engeren Sinne des Wortes allzu hoch einzuschätzen. Wenn es sich auch in vielen der hieher gehörenden, noch zu schildernden Fälle letzten Endes doch um einen „Lebericterus" handelt, wenn also gewisse Störungen im Bereiche dieses Organes vorliegen, so können diese für die praktische Beurteilung des etwa vorliegenden Falles durchaus in den Hintergrund treten. Vor einiger Zeit sahen wir an der Klinik einen Patienten, dessen Beobachtung die Schwierigkeiten in dieser Richtung beleuchtete: ein zirka 40jähriger Kranker, der vor Jahren in subtropischen Gegenden gelebt hatte und wiederholt kolitischen Attacken vom dysenterischen Typus ausgesetzt war, erkrankte wenige Tage nach seiner Ankunft in Wien plötzlich unter Schüttelfrost, hohem Fieber und intensiven, nicht genau zu präzisierenden, teils stechenden, teils kolikartigen Schmerzen im rechten oberen Bauchquadranten. Die objektive Untersuchung ergab deutlichen Icterus, ausgesprochene Défense musculaire (reflektorische Muskelspannung) der rechten oberen Bauchgegend, Fehlen des rechten oberen Bauchdeckenreflexes, ausgeprägteste Empfindlichkeit in der Lebergegend derart, daß der Kranke jede leichte Berührung abwehrte, ferner deutliche Empfindlichkeit bei seitlicher und anterioposteriorer Kompression des rechten Hypochondriums, schmerzhafte „Succussio hepatalis“. Unter Berücksichtigung des Schüttelfrostes, der sich nach einigen Stunden wiederholte, des hohen Fiebers, der Tachykardie, des schlechten Allgemeinzustandes des Patienten, der neutrophilen Leukozytose mußte an eine akute Affektion im Bereiche der Leber oder der Gallenwege gedacht werden. Wir schwankten zwischen der Annahme einer akuten Cholecystitis, einer diffusen Cholangitis und namentlich mußte auch mit Rücksicht auf das Vorhandensein einer Dysenterie-Infektion in der Anamnese die Möglichkeit eines Leberabszesses ins Auge gefaßt werden. Eine perkutorisch nachweisbare mäßige Einschränkung der Beweglichkeit des rechten Zwerchfelles schien mit diesen Annahmen in Einklang zu bringen zu sein. Ein am nächsten Tage auftretendes Reibegeräusch an der rechten Basis ließ uns noch immer an die Möglichkeit einer Durchwanderungspleuritis denken und an der Diagnose einer subdiaphragmalen Affektion festhalten, bis schließlich das Auftreten eines deutlichen rechtsseitigen Mussyschen Druckpunktes (entsprechend der Kreuzungsstelle der rechten Parasternallinie und einer die zehnte Rippe treffenden Horizontalen), das völlige Zurücktreten der abdominellen Symptome, ein aus der Tiefe hörbares gemischtes, später bronchiales Atmen, die immer mehr in den Vordergrund rückende Dyspnoe und Zyanose uns zwangen, von unserer Annahme abzugehen, die Diagnose einer sich im weiteren Verlaufe zu einwandfreier Klarheit entwickelnden Lobärpneumonie des rechten Unterlappens zu stellen und die Annahme einer Affektion der Leber oder der Gallenwege fallen zu lassen. Die Autopsie, die wir leider in der Folge zu sehen Gelegenheit hatten, zeigte im Bereiche der Leber und Gallenwege keinerlei Veränderung. — Abdominelle Schmerzphänomene im Verlaufe und namentlich zu Beginn von Pneumonien gerade des rechten Unterlappens sind uns allen geläufig. Es war der ganz ungewöhnlich intensive und schon am ersten Tage hervortretende Icterus, der uns auf falsche Fährte lenkte.

Icterus bei Infektionskrankheiten.

Fälle von Icterus bei Infektionskrankheiten sind nicht vereinzelt, ja ich möchte geradezu den folgenden Auseinandersetzungen den Satz vorausschicken, daß jede akute Infektion unter Umständen mit Icterus wechselnden Grades einhergehen und unter

Umständen eine Affektion der Leber oder der Gallenwege vortäuschen kann. Mir sind Fälle von Pneumonie bekannt, in welchen unter der Diagnose Cholecystitis sogar zur Operation geschritten wurde. Unter den Pneumonien sei besonders auf die Grippepneumonie und auch auf die Pneumonia caseosa verwiesen, bei welchen ein subikterisches Kolorit meistens als prognostisch nicht günstiges Zeichen auftritt.

In der Mehrzahl der Fälle wird es sich allerdings wohl, soweit eine Verfärbung überhaupt nachzuweisen ist, nur um leichtere Grade, um Subicterus handeln, der uns nur bei genauer Inspektion der Conjunctiva bulbi oder der Schleimhaut des Rachens, vor allem des harten und weichen Gaumens auffällt. Die Untersuchung auf Icterus soll stets bei Tageslicht, nie bei künstlicher Beleuchtung vorgenommen werden. Es soll bei dieser Gelegenheit hervorgehoben werden, daß gerade im Bereiche des Gaumens Icterus oft früher und deutlicher nachzuweisen ist, als am Auge des Patienten. An der Haut werden uns leichteste Grade von Icterus leicht entgehen können. Die Eigenfarbe der Hautdecke, der Grad der Vaskularisation werden hier maßgebend sein. Mitunter wird infolgedessen erst bei Anämisierung der Haut durch Kompression die ikterische Grundfarbe deutlich sein; gelegentlich erkennen wir die ikterische Verfärbung bei Prüfung der vasomotorischen Erregbarkeit in jenen Fällen, in welchen die Haut nicht mit Hyperämie, sondern mit Quaddelbildung oder wenigstens lokaler Anämisierung antwortet.

Daß namentlich beim Bestehen eines akuten Exanthems die ikterische Verfärbung der Haut leicht übersehen werden kann, ist klar und doch wissen wir, daß gerade hier — erinnern wir uns nur an den Scharlach — eine oft recht deutliche Gelbfärbung der Haut zu konstatieren ist.

Welcher Genese die ikterische Verfärbung bei Infektionskrankheiten ist — ich muß hier später folgenden Auseinandersetzungen vorgreifen — wird nicht immer ohneweiteres zu entscheiden sein. Hiefür werden sich Schädigungen des Leberparenchyms, cholangitische Veränderungen, vielleicht im Sinne eines Enanthems der Gallenwege, und Icterus hämolytischer Natur nicht vollkommen auseinanderhalten lassen, und häufig in dem Sinne parallel gehen, daß die durch die Infektion geschädigte Leberzelle das auf den hohen Blutzerfall zurückzuführende größere Angebot an Farbstoff nicht zu bewältigen vermag. Gerade beim Scharlach wird die hämolytische Komponente in den Vordergrund zu stellen sein, da wir ja hier in den ersten

Wochen im Serum das sogenannte indirekte Bilirubin nachweisen können. Andererseits spricht die klinisch im Verlaufe des Scharlachs nicht selten nachweisbare Leberschwellung dafür, daß auch direkte Schädigungen des Organs in Betracht gezogen werden müssen. Daß aber — und dies gibt wieder einen Beweis für die Schwierigkeit der Erklärung in jedem einzelnen Falle — auch ein ganz anderer Mechanismus für den im Verlaufe des Scharlachs auftretenden Icterus eine Rolle spielen kann, zeigen die seltenen Fälle von Icterus bei Scharlach, bei welchen es zu einer Entfärbung des Stuhles kommt, die man durch Schwellung der Lymphdrüsen ad portam hepatis, also als Stauungsicterus zu erklären versucht.

Die besprochene ikterische Verfärbung beim Scharlach, die Vermehrung des „indirekten" Bilirubins im Serum, die vermehrte Ausscheidung von Urobilinogen im Harne ist nur ein spezieller Fall des „septischen Icterus" im allgemeinen. Je nach dem Grade der Hämolyse und der Schädigung des Leberparenchyms wird die Intensität des Icterus verschieden sein können. Daß wir den Icterus gerade auch in den zu hämorrhagischer Diathese führenden Fällen finden, ist selbstverständlich. Bei anaeroben Streptokokkeninfektionen ist das Auftreten eines septischen Icterus anscheinend besonders häufig. Nur nebenbei sei erwähnt, daß bei Infektion durch den Fränkelschen Gasbazillus eine besondere Art von Ikterus, der Hämatinicterus auftritt, von dessen Existenz wir uns spektroskopisch überzeugen können, welcher klinisch zu einer eigenartigen mehr bronzegelben Verfärbung der Haut führt. Nach den Angaben der Literatur fehlen auch hier wie bei den Fällen von hämolytischem Icterus Juckreiz und Bradykardie, die so häufigen Begleiter des Lebericterus im engeren Sinne des Wortes. Für den Ausgang einer derartigen Infektion kommt in erster Linie das weibliche Genitale in Betracht. Es sind Fälle von puerperaler Sepsis, die das kurz skizzierte Bild zeigen können. Zu bronzeartigem Kolorit kann sich auch der Icterus im Verlaufe einer Nabelsepsis steigern.

Im Rahmen der Besprechung der infektiösen und insbesondere septischen Erkrankungen muß noch der Vertreter der Typhus-Coli-Gruppe gedacht werden: des Typhus abdominalis, des Paratyphus und der Colisepsis. Wenn es sich auch bei diesen Erkrankungen nicht immer um einen „septischen Icterus" im engeren Sinne des Wortes handelt, sondern lokale Veränderungen an Leber und Gallenwegen in Betracht kommen, mögen sie doch des Zusammenhanges wegen gleich an dieser Stelle besprochen werden.

Im Verlaufe eines Typhus abdominalis finden wir gelegentlich eine mehr oder weniger angedeutete ikterische Verfärbung der Haut und der sichtbaren Schleimhäute, oft begleitet von Vergrößerung und Druckempfindlichkeit der Leber. Parenchymatöse Degeneration und fettige Veränderung der Leber werden zur Erklärung herangezogen. Besonders auffallende Vergrößerung und Schmerzhaftigkeit dieses Organs, das Auftreten von septisch-intermittierendem Fieber und von Schüttelfrösten werden daran denken lassen, daß es sich nicht um einen ausschließlich rein symptomatischen Icterus handelt, sondern daß eine jener Komplikationen aufgetreten ist, denen wir gelegentlich beim Typhus abdominalis begegnen — ein Leberabszeß, eine diffus eitrige Cholangitis, vielleicht eine sich auf die Leber fortpflanzende Thrombophlebitis im Bereiche der Pfortader. Andererseits kennen wir das Krankheitsbild der Cholangitis typhosa, für welche wir ja in der Mehrzahl der Fälle präexistente Veränderungen der Gallenblase im Sinne der Stauung und einer chronischen Cholangitis oder Cholelithiasis voraussetzen, die aber anscheinend auch als primäre Cholecystitis typhosa in Erscheinung treten kann. Die Angabe, daß das Serum Ikterischer an sich die Gruber-Widalsche Reaktion mit Typhusbazillen zeigen kann, erklärt sich vielleicht nicht selten in der Weise, daß wir es eben mit Fällen von spezifischer Cholecystitis zu tun haben, bei welchen uns ein Typhus ambulatorius die etwa negative Anamnese erklärt. Eine Typhus-Anamnese, ein umschriebener cholezystitischer Symptomenkomplex, der von keinen anderen Krankheitszeichen gefolgt ist, eine im Verlaufe der Erkrankung auftretende Gruber-Widalsche Reaktion werden die Diagnose einer derartigen Primärerkrankung der Gallenblase sichern. Auch Fälle von anscheinend primär typhöser Cholangitis sind beschrieben. Daß wir in Fällen von chronischer Cholangitis oft nach Jahren durch eine positive Gruber-Widal-Probe, mitunter auch durch den Nachweis der Typhuserreger im Duodenalinhalt oder im Stuhle den typhösen oder den paratyphösen Charakter der Gallenwegkrankheit feststellen können, ist bekannt.

Bei der Colisepsis sehen wir gleichfalls nicht selten leichte ikterische Verfärbung. Gerade hier wurde auch ein Übergreifen der eitrigen Gallenblasenentzündung auf die Pfortaderäste mit folgenden multiplen Leberabszessen beobachtet, die zu schweren septischen Zustandsbildern oft von eigenartig regelmäßigem, an Malaria erinnerndem Fiebertypus führen.

Eine Infektionskrankheit, mit der wir in unseren Gegenden zwar nicht zu rechnen haben, die wir aber aus unserer Kriegserfahrung sehr wohl kennen, deren Beziehung zum Icterus wenigstens in schweren Fällen schon in der Nomenklatur zum Ausdruck kam, ist das Rückfallfieber, das ja infolge des diese Erkrankung mitunter begleitenden schweren Icterus als „biliöses Typhoid" bezeichnet worden ist, ein Symptomenbild, das mitunter an das der Weilschen Krankheit erinnert. Die Diagnose wird gegebenenfalls durch den Nachweis der Erreger der Spirochaeta recurrens in an die entsprechenden Untersuchungsstellen einzusendenden dicken Blutausstrichen unschwer zu stellen sein.

Auch die Fälle von Malaria tropica, in welchen wir, vom Schwarzwasserfieber ganz abgesehen, neben Leberschwellung im Anfalle Icterus finden, während wir bei den tertiären und quartären Formen der Malaria Icterus in der Regel vermissen, spielen in unseren Gegenden praktisch kaum eine Rolle.

Daß unter Umständen eine akute Cerebrospinalmeningitis neben im Vordergrund stehenden abdominalen, periumbilical lokalisierten, außerordentlich intensiven, krisenartigen Schmerzen mit Icterus einsetzen kann, kann ich aus eigener Erfahrung berichten. Es handelte sich um einen Fall, der unter den Zeichen der hämorrhagischen Diathese mit multiplen Petechien der Haut nach schwer septischem Verlauf ad exitum kam. Auch von anderer Seite wurde Icterus im Verlaufe eitriger Meningitiden beobachtet. Wieder auf Grund eines persönlichen Erinnerungsbildes möchte ich an zwei ungewöhnliche, mehr akut einsetzende, unter leichtem Icterus verlaufende Fälle sekundärer Lues erinnern, die zunächst durchaus den Eindruck einer akuten Infektionskrankheit machten, bis die Polyadenitis, die Veränderungen an Haut und Schleimhäuten, die Wassermannsche Reaktion die Lage klärten.

Mit den genannten Affektionen ist die Reihe der Erkrankungen nicht erschöpft, bei welchen aus infektiöser, toxischer oder septischer Ursache ein Icterus auftreten kann. Wir werden bei der Besprechung der intestinalen Affektionen, welche unter Icterus verlaufen können — schon an dieser Stelle sei an die Appendizitis erinnert —, noch einmal darauf zurückkommen, wollen uns aber jetzt der Besprechung des Icterus zuwenden, welcher im Zusammenhang mit Kreislaufstörungen zur Beobachtung gelangt.

Icterus bei Kreislaufstörungen.

Hier ist es vor allem die Stauungsleber, welche zur Gelbfärbung wohl auf dem Wege des intrahepatalen Stauungsicterus führen kann. Nach Erfahrungen Ortners ist auf diesem Wege vielleicht sogar mit der Möglichkeit sekundärer Steinbildung zu rechnen. Daß auch die bei chronischen Stauungszuständen zu findende Polyglobulie, eine Vermehrung der Zahl der roten Blutkörperchen, mit für das Auftreten des Icterus durch gleichzeitig gesteigerten Zerfall der Blutkörperchen in Betracht kommen kann, ist nicht ganz unwahrscheinlich. In der Mehrzahl der Fälle wird es sich um ein eben wahrnehmbares, leicht zu übersehendes subikterisches Kolorit des Patienten handeln. Bisweilen können auch erhebliche Grade von Gelbfärbung auftreten. In erster Linie sind es jene Klappenfehler, welche den rechten Ventrikel besonders in Mitleidenschaft ziehen, die hier genannt werden müssen: die Mitralfehler, vor allem die Mitralstenose, und die relative oder organisch bedingte Trikuspidalinsuffizienz. Gerade bei der Mitralstenose, welche ja nicht selten als „stumme Mitralstenose", das heißt bei wenig hervortretendem oder ganz fehlendem Geräusche verläuft, wird ein etwa bestehender Icterus irreführen können. Wenn wir uns ferner jener nicht seltenen Kombination der Mitralstenose mit Cholelithiasis erinnern, uns andererseits die oft im Vordergrunde stehende Druckempfindlichkeit der Leber im Gefolge der Stauung vor Augen halten, entbehrt auch von diesem Gesichtspunkte aus das Vorkommen von Icterus bei diesem Klappenfehler nicht des diagnostischen Interesses.

Daß wir andererseits Icterus auch bei nicht valvulär bedingten muskulären Insuffizienzen des Herzens finden, ist selbstverständlich, desgleichen bei kardialer Insuffizienz im Gefolge pulmonaler Affektionen, etwa eines Emphysems oder chronischer Bronchiektasien. Es soll noch hervorgehoben werden, daß auch sich akut entwickelnde Stauung der Leber etwa zur Zeit der Attacke einer paroxysmalen Tachykardie oder bei plötzlichem Nachlassen der Herzkraft im Gefolge infektiöser Erkrankungen mit Icterus oder Subicterus einhergehen kann. Unter den mit Subicterus verlaufenden kardialen Affektionen muß auch die septische Endokarditis genannt werden, bei welcher sowohl die septische Komponente an sich, als auch die sich im weiteren Verlaufe etwa einstellende kardiale Stauung für die Entstehung des Icterus ursächlich heranzuziehen sein wird.

Im Verlaufe von Affektionen der Kreislauforgane kann aber noch eine zweite Quelle des Icterus oder wenigstens Subicterus in Betracht kommen und dies ist der hämorrhagische Infarkt; in erster Linie der Lungeninfarkt oder vielleicht richtiger die multiplen Lungeninfarkte, namentlich dann, wenn sie von einer hämorrhagischen Pleuritis gefolgt sind. Gerade hier finden wir nicht selten Icterus in Fällen, in welchen das Verhalten der Leber keine genügende Handhabe zur Erklärung des Icterus gibt, so daß wir den Icterus wohl auf die Infarktbildung zurückführen dürfen.

Icterus bei Blutungen und bei Hämoglobinurie.

Die Infarkte leiten über zur Besprechung des Icterus, wie wir ihn im Gefolge ausgedehnter Blutungen nicht selten finden. Wir kennen subikterische Verfärbung im Gefolge des Hämothorax und auch beim Lungeninfarkt mag in manchen Fällen die im Anschlusse an diesen auftretende symptomatische hämorrhagische Pleuritis mit verantwortlich zu machen sein. Wir finden aber auch Icterus bei innerer Blutung anderer Art, wofern nur eine genügende Menge Blutes längere Zeit in Organen oder Körperhöhlen deponiert bleibt. (Extrauterine Gravidität, Milzruptur). Bei Blutungen des Genitales oder Blutungen des Magendarmtraktes tritt ein Icterus aus leicht begreiflichen Gründen kaum jemals auf, weil ja das Blut ausgeschieden wird.

Für die Gallenfarbstoffbereitung wird es gleichgiltig sein müssen, ob das Hämoglobin der Erythrozyten oder das gelöste Hämoglobin als solches angeboten wird. Es ist also ohne weiteres verständlich, ja geradezu zu erwarten, daß auch die verschiedenen, zur Hämoglobinämie oder Hämoglobinurie führenden Erkrankungen je nach der Schwere des Falles zum Icterus führen werden.

Ein ja oben schon gelegentlich der Besprechung der Malaria erwähntes Beispiel eines, wie wir ihn auch nennen können, Resorptionsicterus liefert das Schwarzwasserfieber, ein unter Schüttelfrost und hohem Fieber einsetzender Zerfall roter Blutkörperchen mit folgender Hämoglobinurie im Verlaufe einer Malaria, zumeist vom Typus der Malaria tropica.

Das gleiche sehen wir gelegentlich, wenn auch nicht regelmäßig, im Verlaufe einer paroxysmalen Hämoglobinurie vom Typus der Kältehämoglobinurie oder der Marschhämoglobinurie. Hier wird wohl die Anamnese, abgesehen von der bei der Harnuntersuchung aufgedeckten Hämoglobinurie, ohne weiteres die Erklärung des Icterus geben. Unter Umständen wird die Provokation des Anfalles durch ein kaltes Fußbad oder einen anstrengenden Marsch oder im Falle der sogenannten lordotischen paroxysmalen Hämoglobinurie durch forcierte, längerdauernde Lordosestellung diagnostisch zum Ziele führen.

Recht unklar sind die in einzelnen Fällen beim Bronzediabetes beobachteten Hämoglobinurien.

Auch in dem oben erwähnten Falle, in welchem Icterus im Gefolge von ausgedehnten Blutergüssen auftrat, wird ja zum Teil mit der Lösung der roten Blutkörperchen mit folgender Hämoglobinämie oder Methämoglobinämie und dadurch sich bildendem Resorptionsicterus zu rechnen sein. Von dem an dieser Stelle vielleicht auch zu erwähnenden „Hämatinicterus" war ja schon früher die Rede. Es sei auch gleichzeitig erwähnt, daß bei der Essigsäurevergiftung gleichfalls Hämatinämie, und damit ein derartiger pseudoikterischer Zustand vorkommen kann.

Ein analoger Mechanismus erklärt den oft recht intensiven Icterus, wie wir ihn in den letzten Jahren gelegentlich einer Bluttransfusion beobachteten, wo es selbst bei genauer Auswertung doch gelegentlich zu einer intravasalen Hämolyse und damit zum Icterus kommen kann.

Icterus bei Vergiftungen.

Die Fälle von Schwarzwasserfieber, welche ja, wenn wir auch kein vollständiges Bild von der Pathogenese dieser Erkrankung haben, zum Teile im Anschlusse an die Verordnung von Antimalaricis (Chinin, Methylenblau) auftreten, leiten zu jenen Fällen über, wo wir eine Hämoglobinurie und den dazu gehörenden Icterus als Ausdruck einer Vergiftung, nicht selten tatsächlich medikamentösen Vergiftung, ansehen müssen (Santonin, Extractum filicis maris aethereum, Plasmochin, Ricinus). Es mag vielleicht bei dieser Gelegenheit auf die Einführung des Extractum filicis maris mittels Duodenalsonde hingewiesen werden, eine Methode, bei welcher wir in der Regel mit weit geringeren Dosen zum Ziele gelangen und Vergiftungserscheinungen leichter vermeiden können.

Schließlich kommt unter den Pflanzenstoffen eine weitere Gruppe von Substanzen in Betracht, welche in Vergiftungsfällen zu Icterus führen können, die Pilzgifte. Hieher gehört die Vergiftung mit Morcheln (Helvellaceen); hier kommt es regelmäßig im Gefolge der Blutkörperchenzerstörung zu Icterus. Ebenso können wir bei Vergiftung mit dem Knollenblätterpilz (dem falschen Champignon, Amanita bullosa, phalloides), entsprechend der weitgehenden, an die Phosphorvergiftung erinnernden Zerstörung des Leberparenchyms, unter Umständen Icterus erwarten; es ist bemerkenswert, daß die ersten Erscheinungen hier erst nach einer gewissen Inkubationszeit von zehn bis zwölf Stunden auftreten können, eine Tatsache, die diagnostisch gewiß besondere Schwierigkeiten bereiten kann.

Unter den Vergiftungen mit Metalloiden sei an Kalium chloricum ($KClO_3$), Arsenwasserstoff (AsH_3) erinnert. Vor allem müssen wir aber der früher bei uns relativ häufigen, jetzt außerordentlich selten zu beobachtenden Phosphorvergiftung gedenken, bei welcher wir, abgesehen von den ganz rapiden oder im Laufe von zwei bis drei Tagen unter rein gastroenteritischen Erscheinungen zum Tode führenden Fällen, nach anscheinender Remission der Krankheitserscheinungen unter neuerlicher Verschlechterung des Allgemeinbefindens, Erbrechen, Kopfschmerzen, manchmal Magen- und Darmblutung regelmäßig Icterus und das Auftreten von Gallenfarbstoff im Harn feststellen konnten, als Ausdruck der schweren Leberveränderung, deren Symptomatologie gelegentlich der Besprechung der akuten gelben Leberatrophie noch ausführlicher geschildert werden soll.

Unter den Vergiftungen mit Schwermetallen ist der, wie betont werden soll, nur in Ausnahmsfällen beobachtete Icterus bei chronischer Blei- und akuter Sublimatvergiftung zu erwähnen.

Unter den Vergiftungen mit aromatischen Verbindungen finden wir Icterus neben Verfettung der inneren Organe bei der Benzol-, ferner bei der Pyrogallolvergiftung. Pyrogallol kann auch, da es als Haarfärbemittel und in verschiedener Form in der Therapie der Hautkrankheiten Anwendung findet, zu medikamentösen Vergiftungen Anlaß geben. Ähnliches gilt für das β-Naphtol. Wir finden ferner Icterus gelegentlich bei Karbolsäure-, Lysol- und Kreosotvergiftung, bei der akuten Anilinvergiftung; hier kann die ikterische Verfärbung der Haut noch längere Zeit in der Rekonvaleszenzperiode erhalten bleiben.

Und schließlich müssen wir bei der Besprechung der Vergiftung mit anorganischen Verbindungen vor allem die praktisch wichtige Vergiftung durch Salvarsan und seine Derivate nennen.

Icterus bei Gravidität.

Wenn wir bisher von den Vergiftungen im engeren Sinne des Wortes gesprochen haben, müssen wir uns jetzt einem Zustande zuwenden, bei welchem wir ja auch an giftige Einflüsse im weiteren Sinne des Wortes, an toxische Einflüsse denken, welche für einen etwa auftretenden Icterus verantwortlich zu machen sind. Dies ist die Gravidität.

Bei einer während der Schwangerschaft auftretenden Gelbsucht denken wir vor allem an eine Schädigung der Leber. Auf Erscheinungen anderer Art, welche das Bestehen einer irgendwie gestörten Leberfunktion zur Zeit der Gravidität erweisen, kann hier nicht im einzelnen eingegangen werden; es sei nur kurz auf die Störung des Kohlehydratstoffwechsels, die Erhöhung des Urobilins und an das Auftreten von Azetessigsäure und Oxybuttersäure im Harn u. a. hingewiesen, wobei eine absolut scharfe Grenze zwischen noch als physiologisch anzusprechender Anpassung der Leber an den Zustand der Gravidität und „pathologischer Schwangerschaftsleber“ nicht immer ganz scharf gezogen werden kann.

In diesem Rahmen interessiert uns vor allem die Frage des Icterus. Ein solcher kann bei tiefergreifender Veränderung des Leberparenchyms, der Hepatopathia gravidarum, oder als Zeichen einer Affektion der Gallenwege in Verbindung mit der Schwangerschaft, einer Cholepathia gravidarum, in Erscheinung treten.

In die erste Gruppe (Hepatopathia) gehören jene ja anatomisch feststellbaren Veränderungen der Leber bei Eklamptischen, die sich neben einem nicht konstant vorhandenen Icterus zumeist mäßigen Grades in der Vergrößerung und Druckempfindlichkeit der Leber, mehr oder weniger ausgeprägter Urobilinurie und Galaktosurie und erhöhten Bilirubinwerten im Serum klinisch charakterisieren. Von einzelnen Autoren wird auch bei der Hyperemesis gravidarum auf die vorhandene, unter Umständen durch Icterus gekennzeichnete Leberstörung Gewicht gelegt, von einigen eine solche sogar gefordert und mit dem Erbrechen in kausalen Zusammenhang gebracht. Von gynäkologischer Seite wird insbesondere auf die Kontrolle der Blutbilirubinwerte Wert gelegt und in einer dauernd vorhandenen und etwa noch zunehmenden positiven van den Berghschen Probe im Serum sogar eine Anzeige zur Unterbrechung der Schwangerschaft erblickt.

Wie weit bei dem je nach dem Grade der Leberschädigung oft ganz leicht verlaufenden, oft bis zum schwersten toxischen Typus gesteigerten Icterus die Fettinfiltration der Leberzellen eine Rolle spielt, läßt sich gegenwärtig nicht mit Sicherheit sagen.

Es ist klar, daß wir bei während der Gravidität auftretendem Icterus naturgemäß auch andere Erkrankungen der Leber, wie zum

Beispiel einen akzidentellen Icterus simplex etwa intestinaler Genese, unter Umständen auch einen Tumor werden ausschließen müssen, bevor wir die Diagnose eines Icterus gravidarum im engeren Sinne stellen dürfen. Dasselbe muß gleich für die im folgenden zu besprechende Cholepathie vorweggenommen werden. Eine von der Gravidität unabhängige Cholelithiasis oder Cholecystitis wird hier arge diagnostische Schwierigkeiten bereiten können. Durch die Gravidität intensiver in Erscheinung tretender hämolytischer Icterus wird gleichfalls in Betracht gezogen werden müssen, um so mehr, da ja auch gerade beim Icterus gravidarum manche Beobachtungen für eine besondere familäre Disposition zu derartig weitgehender Schädigung der Leber sprechen.

Wie sehr die Schwangerschaft als solche, oder zum mindesten als unterstüzendes oder auslösendes Moment mit Leberschädigungen schwerster Art in Verbindung gebracht werden muß, zeigt der hohe Prozentsatz, der von einzelnen Autoren bis zu etwa 50 Prozent angegeben wird, welchen gravide Frauen unter den Fällen von akuter gelber Atrophie einnehmen. Gerade hier wird, da ja die akute gelbe Leberatrophie keineswegs an die Gravidität gebunden ist, daran gedacht werden müssen, daß die durch die Schwangerschaft gesetzte Leberveränderung eine wesentliche Herabsetzung der Widerstandskraft des Parenchyms bedingt, wenn dieses von tiefgreifenden Schädigungen anderer Art betroffen wird.

Daß nicht nur mechanische Verhältnisse, Verlagerung durch den wachsenden Uterus, eine Rolle in dieser Richtung spielen können, beweisen jene Fälle, in welchen schon in den ersten Monaten Erscheinungen seitens der Gallenblase zutage treten, zu einer Zeit, wo von einer mechanischen Beeinflussung, etwa von Verdrängung der Gallenblase, des Duodenums oder der Leber selbst noch gewiß keine Rede sein kann. Neben Veränderungen im Serum und in der Galle, vielleicht einer Verschiebung des Cholesteringehaltes, kommt wohl auch die geänderte Einstellung des vegetativen Nervensystems in Betracht, auf dessen Bedeutung in diesem Zusammenhange noch wiederholt hingewiesen werden wird.

Ob, wie es der ärztlichen Tradition entspricht, die Schwangerschaft, namentlich wiederholte Schwangerschaften direkte Beziehungen zur Gallensteinbildung haben, ist gegenwärtig bestritten und nicht sicher erwiesen.

Icterus menstrualis.

Im Anschluß an die Besprechung der Beziehungen zwischen Icterus und Gravidität soll noch kurz auf den menstruellen Icterus hingewiesen werden. Schon Kliniker der älteren Schule haben darauf hingewiesen, daß es in der prämenstruellen Periode und zur Zeit der Menstruation zur Vergrößerung der Leber und zur Druckempfindlichkeit dieses Organs kommen kann, welche gelegentlich von leichtem, oft mehrere Tage dauerndem Icterus begleitet sein können. Unter Umständen werden auch cholecystitis- und cholangitisähnliche Symptome, namentlich Druckempfindlichkeit in der Gallenblasengegend beobachtet. In der Beurteilung begegnen wir denselben schon oben geschilderten Schwierigkeiten. Immerhin scheinen doch jene Fälle, in welchen es wiederholt oder fast regelmäßig zur Zeit der Menstruation zu einem rasch abklingenden Icterus kommt, für die Existenz eines menstruellen Icterus zu sprechen, soweit wir es nicht auch hier, wie ja schon oben für den Icterus gravidarum erwähnt wurde, mit verkappten Fällen von hämolytischem Icterus zu tun haben. Wie weit ein solcher Icterus menstrualis als parenchymatöser Lebericterus noch als physiologisch anzusehende Veränderung der Leber im Rahmen des ganzen Menstruationszyklus zu deuten ist, wie weit etwa eine hämolytische Komponente in Betracht gezogen werden muß, läßt sich nicht mit Sicherheit sagen.

Abgesehen von den hier besprochenen Zuständen müssen wir aber auch an eine andere Möglichkeit denken, wenn wir bei einer graviden oder an genitalen Blutungen leidenden Patientin Icterus wahrnehmen: an die Möglichkeit einer Vergiftung, sei es als Folge eines Suicidversuchs oder als Folge eines eingeleiteten Abortus (Phosphor). Auch an septischen Icterus muß gedacht werden.

Icterus neonatorum.

Rein äußerlich sollen der Besprechung des Icterus gravidarum einige Worte über den Icterus neonatorum angeschlossen werden. Der Icterus neonatorum ist häufig nur angedeutet, kann aber bisweilen einen ganz erheblichen Grad erreichen. Er tritt gewöhnlich am zweiten bis vierten Lebenstage auf und verschwindet in der Regel wieder in etwa einer Woche. Die Zeichen der Obstruktion, Dunkelfärbung des Harnes, Verfärbung des Stuhles fehlen; er muß als pleiochromer, gallenreicher Ikterus gedeutet werden. Auch hier tritt wie sonst zunächst Gelbfärbung der Schleimhäute, der Skleren, der Rachenschleimhaut auf, im weiteren Verlaufe wird auch der Icterus der Gesichtshaut und schließlich des Stammes und der Extremitäten deutlicher. Leber und Milz sind nicht verändert. Der Harn enthält im allgemeinen keinen Gallenfarbstoff, nur ganz ausnahmsweise fällt die Gallenfarbstoffreaktion positiv aus; wohl aber sind Urobilin oder Urobilinogen im Harn nachweisbar. Zelluläre Bestandteile des Sedimentes können hingegen durch Gallenfarbstoff bedingte Gelbfärbung zeigen. In der Regel ist der Icterus neonatorum harmlos und ohne praktische Bedeutung; doch können bei ihm unter Umständen differentialdiagnostische Schwierigkeiten auftauchen. Abgesehen von kongenitalen Mißbildungen im Bereiche der Gallenwege, welche durch die Zeichen des Gallenwegverschlusses hinreichend charakterisiert sein werden, muß die kongenitale Lues der Leber in Betracht gezogen werden. Vergrößerung dieses Organs, sowie der Nachweis eines Milztumors werden abgesehen von allen anderen Krankheitszeichen in dieser Richtung ins Gewicht fallen. Von Icterus begleitete Pneumonien, septische Erkrankungen jeder Art werden durch Temperaturerhöhung und Allgemeinerscheinungen, sowie durch etwaige lokale Befunde der Abgrenzung kaum irgendwelche Schwierigkeiten bereiten. Leicht fieberhafte, vielleicht enterogen bedingte Infektionen der Gallenwege werden differentialdiagnostisch abzugrenzen sein. Und schließlich soll noch auf den seltenen familär vorkommenden Icterus gravis der Neugeborenen hingewiesen werden, der unter schweren Allgemeinerscheinungen unter Zeichen der Cholämie meistens zum Tode führt.

Icterus nervosus.

Wir haben es bisher mit Fällen von Icterus zu tun gehabt, bei welchem, sei es die Schädigung der Leberzelle oder der vermehrte Zerfall roter Blutkörperchen die Pathogenese der Gelbfärbung verständlich erscheinen ließ, wo wir uns hinsichtlich der Erklärung des Icterus auf festem Boden bewegen. Bevor wir uns dem Auftreten von Icterus bei grobmechanischem Verschlusse der Gallenwege und bei Erkrankung der Leber selbst zuwenden, müssen wir noch einer klinischen Erscheinungsform des Icterus gedenken, für welche wir rein nervöse Momente zur Erklärung heranziehen. Während zahlreiche Autoren noch vor kurzer Zeit einem derartigen nervösen Icterus, einem „Icterus ex emotione“, wie er auch genannt wird, recht skeptisch gegenüber gestanden sind, müssen wir sagen, daß nach den Ergebnissen einer ganzen Reihe experimenteller Arbeiten und klinischer Beobachtungen aus jüngerer Zeit ein solcher Icterus bei Berücksichtigung des großen Einflusses des vegetativen Nervensystems auf Gallenabfluß und wohl auch auf Gallenbildung nicht mehr von der Hand zu weisen ist. Es ist verständlich, daß vorübergehend rein funktionelle Zustände im Sinne des Spasmus oder der mangelnden Koordination der Sphinkteren und der Gallenblaseninnervation selbst, vielleicht auch im Sinne einer Atonie, einer Erschlaffung der Gallenblase und der Gallenwege und dadurch bedingter Rückstauung zu Icterus führen können. Ortner erwähnt in seiner „Klinischen Symptomatologie innerer Krankheiten" einen in dieser Richtung für sich sprechenden Fall, dessen Schilderung ich wörtlich wiedergeben möchte. „Ich sah anfangs dieses Jahrhunderts einen Patienten bei mir, der — ein begeisterter Politiker — von seinen politischen Gegnern in eine böse Korruptionsaffäre verwickelt wurde. Die hiemit verknüpfte Erregung ließ ihn Tag um Tag nicht ruhen und die Folge war ein tags nach der Bekanntmachung dieser Anschuldigung aufgetretener Icterus, der einige Tage später, nachdem sich die völlige Schuldlosigkeit des bewußten Politikers herausgestellt hatte, wieder restlos und rasch zurückging".

Es wird sich ja in solchen Fällen gewiß immer um eine Diagnose per exclusionem, und zwar bei besonders strenger Exklusion anderer möglicher Ursachen des aufgetretenen Icterus handeln müssen. Gewiß werden wir es auch nicht selten mit Kombinationsformen zu tun haben, daß beispielsweise eine bestehende latente chronische Cholangitis unter dem Einflusse einer nervösen Erregung zu manifesten Symptomen, vielleicht zu Icterus führen kann.

Ortner beschreibt auch den Verschlußicterus bei Tabes dorsalis, in welchem das intermittierende Auftreten von Gelbsucht mit mehrtägiger Dauer, begleitet von tabischen lanzinierenden Schmerzen in den unteren Extremitäten, das plötzliche Auftreten und das spontane Abklingen den Gedanken an einen nervös bedingten, vielleicht spasmogenen Icterus als Symptom tabischer Leberkrisen stützte. — Ein im Verlaufe der Encephalitis epidemica (Economo) gelegentlich beobachteter Icterus ist in seiner Genese nicht ganz sichergestellt.

Icterus bei extrahepatalen abdominellen Erkrankungen.

Wenn wir wieder auf den festen Boden der pathologischen Anatomie zurückkehren, so haben wir noch, so weit extrahepatale Erkrankungen im weiteren Sinne des Wortes in Betracht kommen, eine Reihe abdomineller Zustände zu erörtern, insoferne sie nicht bereits im Rahmen der akuten Infektionskrankheiten abgehandelt wurden.

Wenn wir in dieser Hinsicht zunächst gastrointestinaler Störungen leichterer Natur und ihrer Beziehungen zum Icterus gedenken, scheinen solche Beziehungen, nach vereinzelter Erfahrung zu schließen, zu gärungsdyspeptischen Zuständen zu bestehen. In zweifacher Weise, entweder derart, daß wir in der Anamnese von Gärungsdyspepsie gelegentlich Icterus vermerkt finden, oder daß sich im Verlaufe der Gärungsdyspepsie leicht subikterische Verfärbung zeigt. Der duodenale Charakter einer Gastroenteritis, welche ja seinerzeit ganz überwiegend, fast ausschließlich für das als Icterus catarrhalis bezeichnete Krankheitsbild ursächlich in Anspruch genommen wurde, kann zu vorübergehender, leicht subikterischer Verfärbung führen. Ob ein derartiger vom Icterus catarrhalis oder Icterus simplex doch wohl zu trennender Zustand einmal durch einfache ödematöse Schwellung der Schleimhaut in der Gegend der Papilla Vateri, durch Schwellung des hier gelagerten lymphatischen Gewebes, durch ganz leichte, in die Gallenwege aufsteigende Infektion oder durch direkt toxische Schädigung der Leberzelle bedingt ist, läßt sich wohl schwer entscheiden, da wir ja sozusagen kaum Zeit haben, durch Beobachtung und spezielle, darauf gerichtete Untersuchung uns ein Bild über die Natur der vorliegenden, wie gesagt, ganz vorübergehenden subikterischen Verfärbung zu bilden. Eine Enteritis oder Enterocolitis kann selbstverständlich auf gleichem Wege zur Mitbeteiligung der Leber oder der Gallenwege führen.

Vor allem ist es aber eine Erkrankung des Darmtraktes, die wir in Beziehung zum Icterus besprechen müssen, die Appendicitis, jene zu Icterus führenden Veränderungen im Bereiche der Leber im Gefolge einer Appendicitis, deren klassische Schilderung wir Dieulafoy verdanken, Erscheinungen, die der französische Kliniker unter der Bezeichnung der „Foie appendiculaire“, der „Appendix-Leber“ zusammenfaßt.

Es sind zwei Hauptformen von Leberschädigung im Verlaufe der Appendicitis, deren Trennung klinisch, namentlich auch prognostisch von Bedeutung ist: Einerseits die Zustände, welche wir als toxische diffuse Schädigung der Leber, als toxische Hepatitis oder, wenn wir den im engeren Sinne des Wortes nicht entzündlichen Charakter der Läsion, wie er aus vereinzelten vorliegenden histologischen Befunden hervorzugehen scheint, betonen wollen, als toxische Hepatose bezeichnen; und andererseits jene schweren Veränderungen eitriger Natur, die sich im Verlaufe der Blinddarmentzündung entwickeln können. Es handelt sich im ersten Falle um eine gewöhnlich früh, an einem dem ersten Auftreten appendizitischer Beschwerden folgenden Tage in

Erscheinung tretende Gelbsucht. Diese kann aber auch im Verlaufe einer chronischen Appendicitis gelegentlich auftreten. Der Icterus geht in der Mehrzahl der Fälle ohne lokale Krankheitszeichen in der Lebergegend einher, nur ausnahmsweise wird eine Vergrößerung dieses Organs gefunden werden können. Er ist in der Regel geringgradig, oft nur bei genauem Suchen an Konjunktiven und Gaumenschleimhaut zu finden, unter Umständen aber auch intensiver und generalisiert. Gallenfarbstoff ist im Harne nicht nachweisbar, wohl aber sind Urobilin und Urobilinogen deutlich vermehrt. Der Icterus schwindet meistens ein bis zwei Tage nach der Appendektomie, bei welcher in solchen Fällen in der Regel schwere Veränderungen an der Appendix angetroffen werden.

Daß sich in derartigen Fällen Schwierigkeiten in der differentialdiagnostischen Abgrenzung zwischen Appendicitis und Cholecystitis ergeben können, ist klar, wenn wir namentlich Fälle mit ausgeprägterem Icterus und atypischer Lokalisation der Schmerzen, etwa bei einem hoch hinaufragenden Wurmfortsatz einerseits, andererseits bei tiefliegender Gallenblase ins Auge fassen. Das Fehlen der Gallenfarbstoffreaktion im Harne wird differentialdiagnostisch von Bedeutung sein, abgesehen von der eingehenden lokalen physikalischen Untersuchung, wie dem Nachweis der charakteristischen Druckpunkte, dem etwaigen palpatorischen Nachweise der Gallenblase, dem Verhalten der Bauchdecken und der Bauchdeckenreflexe, dem Rovsingschen Symptom (Auftreten von Schmerzen in der Appendixgegend bei Druck in der linken Fossa iliaca), dem Ergebnisse der rektalen Untersuchung und anderem mehr. Die Untersuchung des Harnes wird noch in anderer Richtung differentialdiagnostisch wertvoll sein, da wir in den hier in Betracht kommenden Fällen von Appendicitis toxischen Charakters in der Regel gleichzeitig Albuminurie und Zylindrurie feststellen können, welche wir bei der Cholecystitis in der Regel wohl vermissen, Erscheinungen, welche gleichfalls nach geglückter Appendektomie mit dem Icterus zurückgehen.

Abgesehen von jenen Fällen, in welchen Icterus nach vollzogenem chirurgischem Eingriff zurückgeht, kann sich aber die ikterische Verfärbung auch durch Wochen und Monate als Zeichen der tiefergreifenden Schädigung der Leber erhalten. Von Interesse sind auch jene Fälle, — und gerade auch diese werden wieder unter Umständen zur Fehldiagnose Cholecystitis verleiten können — in welchen die einzelnen Appendicitisattacken immer wieder von Icterus begleitet sind, wie wir sie wiederholt in der

Literatur geschildert finden. Interessant und sich mit manchen Gedankengängen neuerer Zeit deckend ist die hypothetische Äußerung Dieulafoys, daß ein sich längere Zeit hinziehender oder wiederholt auftretender Icterus im Gefolge einer Appendicitis unter Umständen zu zirrhotischen Veränderungen der Leber führen oder wenigstens solche vorbereiten könnte.

Prognostisch ist der hier kurz skizzierte toxische Icterus im Verlauf einer Blinddarmentzündung als ernstes Symptom zu werten und wird die Indikation zur Operation, soweit sie nicht schon aus anderen Gründen gegeben ist, dringlicher gestalten. Er wird unter Umständen besonders dann, wenn, wie nicht selten, die Ergebnisse der lokalen physikalischen Untersuchung des Abdomens in krassem Mißverhältnisse zu der Schwere der anatomischen Veränderung stehen, ein Warnungssignal darstellen. Daß gelegentlich über Kombinationen von Icterus und Hämatemesis bei der Appendicitis berichtet wird, ist nicht verwunderlich, da ja die Hämatemesis, das „vomito negro" der alten Autoren, gerade bei den schwersten toxischen Verlaufsformen der Appendicitis allerdings in seltenen Fällen zur Beobachtung gelangt.

Im Gegensatze zu dem eben geschilderten Symptomenbilde, das auch als Frühicterus, Icterus appendicularis praecox bezeichnet wird, steht nun eine zweite Gruppe von Veränderungen der Leber, welche im späteren Verlaufe der Appendicitis oder selbst erst zur Zeit der Rekonvaleszenz wieder unter den Zeichen der Gelbsucht in Erscheinung tritt. Hier handelt es sich nicht um ein isoliertes, unter Umständen leicht zu übersehendes Erkrankungszeichen, sondern hier entwickelt sich das klinische Bild in stürmisch alarmierender Form. Schüttelfrost, hohes septisches Fieber, ausgeprägte Schmerzen und hochgradige Druckempfindlichkeit in der Lebergegend, manchmal auch Vorwölbung im Bereiche des Oberbauches, ja selbst eine Vorwölbung des rechten Hypochondriums werden das Auftreten dieser schweren Komplikation fast unverkennbar charakterisieren. Auch hier muß wieder betont werden, daß selbst anscheinend leicht verlaufende Attacken nach scheinbarer Beruhigung der Situation plötzlich zu den geschilderten schweren Erscheinungen führen können. Ja selbst nach Entfernung des Wurmfortsatzes kann sich der Symptomenkomplex der eitrigen Cholangitis, der multiplen Leberabszesse — und um solche handelt es sich ja in solchen Fällen in der Regel — entwickeln. Es ist klar, daß es sich in allen diesen Fällen um einen auf dem Wege der Appendikularvenen aufsteigenden Prozeß handelt, welcher mit oder ohne Beteiligung der Pfortader schließlich zur eitrigen Lokalisation in der Leber führt. Da es sich, wie gesagt, nur ausnahmsweise um singuläre Abszesse der Leber handelt, wird ein chirurgischer Eingriff wohl nur selten zum Ziele führen. Liegt ein einzelner Leberabszeß vor, dann ist, wie das Studium der Literatur zeigt, auf Erfolg zu hoffen.

Anhangsweise sei noch erwähnt, daß der Entzündungsprozeß nicht nur auf dem Wege der Pfortader, sondern auch retroperitoneal aufsteigen kann. (Pararenale Eiterungen.) Schließlich kann eine hochgeschlagene Appendix anscheinend auch direkt durch Kompression der Gallenblase oder Fortleitung der Entzündung Icterus hervorrufen.

Wenn auch die Appendizitis das klassische Beispiel derartiger zur Leber aufsteigender intestinaler Affektionen darstellt, ist es andererseits klar, daß prinzipiell von jeder Stelle des Magendarmtraktes auf dem Wege der Pfortaderverzweigung ein solcher Vorgang möglich sein wird. Die Erfahrung lehrt, daß speziell Entzündungsprozesse in der Gegend der Flexura sigmoidea, die Sigmoiditis und die folgende Perisigmoiditis in dieser Richtung zu fürchten sind. Daß unter Umständen auch hier mit fortgesetzten toxischen oder infektiösen, vom perisigmoiditischen Entzündungsherde ausgehenden Schädigungen chronischer Natur zu rechnen ist, welche zu sekundären zirrhotischen Veränderungen vom Typus der peripylephlebitischen Zirrhose führen können, wird vielfach angenommen und ich darf auch aus eigener Erfahrung sagen, daß, obwohl eine exaktere anatomische oder ätiologische Beweisführung kaum durchführbar erscheint, rein klinisch ein solcher Zusammenhang mir in einer Reihe von Fällen wahrscheinlich war.

Unter den mit Icterus einhergehenden Leberveränderungen intestinalen Ursprungs müssen wir noch den Leberabszeß im Gefolge einer Dysenterie anführen. Da es sich hier um eine in unserer Gegend kaum jemals beobachtete Erkrankung handelt, soll nur darauf hingewiesen werden, daß der Leberabszeß eine Komplikation der Amöbenruhr darstellt, dagegen bei der bazillären Dysenterie kaum jemals gesehen wird.

Neben dem Magendarmtrakt sind es die Erkrankungen noch eines Abdominalorgans, des Pankreas, welche wichtige Beziehungen zum Icterus zeigen können. Die innige Lagebeziehung des Ductus choledochus zum Pankreaskopf läßt es verständlich erscheinen, daß sowohl akute und chronische indurierende Entzündungsprozesse, als auch Tumoren des Pankreaskopfes zum Verschlußicterus führen werden.

Ähnlich wie der Pankreaskopf, werden aber Gebilde aller

Art zur Kompression des Ductus choledochus von außen und damit zum Verschlußicterus führen können. Vor allem sind es Drüsen ad portam hepatis, die hier in Betracht kommen, wobei wir allerdings gleich hervorheben müssen, daß in diesen Fällen in der Regel wohl gleichzeitig, ja vielleicht schon früher die Kompression eines viel weniger resistenten Organs dieser Gegend, nämlich der Pfortader selbst zu erwarten sein wird, und dem entspricht, wenn auch nicht ausnahmslos, die klinische Erfahrung. Gerade die Kombination mit Aszites, insbesondere mit frühzeitig auftretendem und sich nach Punktion rasch wieder nachfüllendem Aszites mit dem sich entwickelnden Kollateralkreislaufe mit allen seinen Folgeerscheinungen, der Nachweis eines Stauungsmilztumors, ermöglichen uns die hier in Rede stehende Diagnose.

Tumormetastasen, auch tuberkulöse Drüsenpakete, Drüsenvergrößerung im Gefolge einer Myelose, Lymphadenose (myeloischen, lymphatischen Leukämie), einer Lymphogranulomatose werden auf diesem Wege zu Icterus führen können. Bezüglich der Lymphogranulomatose sei noch hinzugefügt, daß bei ihren fieberhaften „typhösen“ Verlaufsformen auch ein „Icterus infectiosus“ septischen Charakters gelegentlich beobachtet werden kann. Neben vergrößerten Drüsen kommen Primärtumoren jeder Art in Betracht und auch entzündliche umschriebene Veränderungen, wie etwa eine plastische Peritonitis tuberculosa.

Es erschien mir wichtig, gerade von den in der Einleitung skizzierten Gedankengängen ausgehend zunächst die Veränderungen abzuhandeln, bei welchen der Icterus als sekundäres Symptom bei Erkrankungen im wesentlichen extrahepataler Natur auftritt und jetzt erst wollen wir uns der Besprechung der Affektionen der Leber und der Gallenwege zuwenden.

Icterus bei Erkrankungen der Leber und der Gallenwege.

Untersuchungsmethoden.

Bevor wir auf die hier in Betracht kommenden Affektionen im einzelnen eingehen, soll zunächst, um Wiederholungen zu vermeiden und um manches früher Gesagte zu erklären, das Wesentliche über die uns in dieser Richtung zur Verfügung stehenden Untersuchungsmethoden gesagt werden, unter welchen ja neben der oft im Vordergrund stehenden physikalischen Untersuchung die Untersuchung des Harnes, des Stuhles, der morphologischen Verhältnisse des Blutes, des Serums und die Röntgenuntersuchung zu berücksichtigen sind.

Schon die Inspektion der Lebergegend kann uns in mancherlei Hinsicht Aufklärung verschaffen. Erhebliche Vergrößerung der Leber wird zu einer charakteristischen Vorwölbung des rechten Hypochondriums und des Epigastriums, bei exzessiver allgemeiner Vergrößerung oder spezieller Vergrößerung des linken Leberlappens auch des linken oberen Quadranten führen. Umschriebene hochgradige Vorwölbung im Sinne des Tumors, der Zyste, des isolierten großen Gummas werden sich als solche im Relief des Oberbauches abzeichnen.

Die respiratorische Beweglichkeit wird unter Umständen schon von vornherein die Zugehörigkeit einer derartigen Prominenz zur Leber vermuten lassen, allerdings nicht sicher beweisen. Wir pflegen in dieser Hinsicht vor allem einem Detail Aufmerksamkeit zu schenken, dem Verhalten jener charakteristischen Furche, welche sich knapp unter dem Rippenbogen besonders bei von der Kopfseite des Patienten her einfallendem Lichte darstellt. Sie ist für uns deshalb von Bedeutung, weil sie bei diffuser Vergrößerung der Leber schwindet oder zurücktritt und sich namentlich auch bei tiefer Inspiration nicht scharf abzeichnet, während aber umschriebene Prominenzen an der Oberfläche der Leber die Furche durch ihr Herabrücken nur noch schärfer in Erscheinung treten lassen; das Letztere gilt allerdings auch für extrahepatale, der Leber nur angegliederte Tumoren. Zeigt der rechte Leberlappen ganz besondere Vergrößerung, so kann selbst eine Vorbuchtung des rechten Rippenbogens auffällig werden, ein ähnliches Verhalten, wie wir es allerdings auch bei subphrenischer Veränderung, namentlich beim subphrenischen Abszesse finden. Eine derartige maximale Vergrößerung des rechten Lappens kann auch zu einem wesentlichen Zurückbleiben der rechten Thoraxseite bei der Atmung führen, wieder analog dem Verhalten bei der subphrenischen Affektion. Ein entsprechendes Zurückbleiben bei der Atmung im rechten oberen Quadranten des Abdomens wird auch für viele Affektionen der Leber und der Gallenwege diagnostische Bedeutung besitzen und uns insoweit in der Differentialdiagnose weiterführen, als wir diese Erscheinung mehr als akute entzündliche schmerzhafte Veränderung deuten dürfen. Wir finden ein solches Zurückbleiben etwa bei den akuten cholecystitischen Zuständen, aber auch bei der frischen Perihepatitis, dem Leberabszeß und ähnlichem.

Noch eine Erscheinung ist es, der wir in den letzten Jahren bei der Inspektion der Lebergegend Beachtung schenken, und dies ist das Verhalten der Bauchdecken beim Sprechen des Patienten, das sogenannte Stimmphänomen, wie es von E. Weiß, dem wir das von ihm als Ektoskopie bezeichnete eingehende Studium der unter anderem beim Sprechen auftretenden Änderung des Reliefs der oberflächlichen Muskulatur verdanken, geschildert worden ist. Ohne auf andere in dieser Richtung zu erhebende und nach unseren Erfahrungen diagnostisch weniger wertvolle Beobachtungen einzugehen, sei nur hervorgehoben, daß wir auf das Ausbleiben der beim Sprechen des Patienten auftretenden oberflächlichen Kontraktion der Bauchmuskulatur gerade im oberen Quadranten Wert legen. Gewöhnlich lassen wir den Kranken das Wort „Kitt" mit nicht allzu lauter Stimme sagen. Bleibt die Gegend des rechten oberen Quadranten im Gegensatz zu den übrigen Partien des Abdomens ruhig, „spricht sie nicht mit", so erblicken wir darin ein Symptom, das wir in seiner Wertigkeit dem Bestehen einer Défense musculaire, einem Fehlen des betreffenden Bauchdeckenreflexes an die Seite stellen.

Daß bei der Inspektion des Bauches bei manchen mit Icterus einhergehenden Krankheitszuständen unsere Aufmerksamkeit dem Bestehen von oberflächlich gelegenen kollateralen Venenerweiterungen zu gelten hat, ist selbstverständlich. Es sei nur daran erinnert, daß die Anordnung der Venen etwa als Caput Medusae oder bei Cavastauung nicht immer typisch sein muß, daß wir auch bei bestehender portaler Stauung häufig ein typisches Caput Medusae vermissen und nur eine gewisse Tendenz der Ausbreitung der Venen gegen den Nabel hin feststellen können. Die Untersuchung der Strömungsrichtung des Blutes durch lokale Kompression der einzelnen Venenstämme wird hier von Bedeutung sein und uns in die Lage versetzen, unter Umständen auch dann, wenn die den Kollateralen bei Cava-inferior-Stauung eigentümliche vertikale seitliche Anordnung nicht streng gewahrt wird, trotzdem diese Diagnose zu stellen, wenn wir uns von einer von unten nach oben gerichteten Strömung in den verbreiterten sichtbaren Venen überzeugen können; eine Diagnose, die unter Umständen auch bei bestehendem Icterus, beispielsweise bedingt durch einen in die Retroperitonealgegend einwachsenden Tumor ad portam hepatis, von Bedeutung sein kann. Nebenbei sei gleich hier erwähnt, daß uns die Auskultation bei der Suche nach Kollateralen durch die mitunter auftretenden sausenden Venengeräusche zu Hilfe kommen kann, welche uns das Vorhandensein solcher Venenerweiterungen in der Tiefe verraten. Wieder gestützt auf eigene autoptische Erfahrung möchte ich noch hinzufügen, daß uns aber ein Fehlen von sichtbaren Kollateralen nicht berechtigt, die portale Stauung selbst erheblichen Grades auszuschließen. Wiederholt sahen wir, daß die kollaterale Ableitung durchaus von einer Unzahl feiner Venenstämmchen übernommen wurde, welche an der Hinterwand der Abdominalhöhle zur Entwicklung gelangten. Ja wir müssen sogar sagen, daß dieser Weg durch die sich hiebei bietende, wohl wesentlichere Vergrößerung des gesamten Querschnittes fast als der zweckmäßigere angesehen werden muß.

Der Inspektion schließen wir zweckmäßig zunächst die Perkussion der Leber an, schon deshalb, um uns durch die ja im allgemeinen mit starker suggestiver Kraft auf uns einwirkenden Befunde bei der Palpation in der mehr subjektiven Einschätzung der Ergebnisse der Perkussion nicht beeinflussen zu lassen.

Die Perkussion der Leber am oberen Rande des Organs als tiefe, an dem unteren und linken Rande der Leber als leiseste Oberflächenperkussion gestattet in der Regel guten Einblick in die Größenverhältnisse und die Form der Leber. Auf die Bedeutung der Perkussion des linken Leberlappens am linken Rippenbogen darf vielleicht mit besonderem Nachdruck verwiesen werden. Es soll nur an dessen Bedeutung für die Diagnose der akuten gelben Leberatrophie erinnert werden, wo wir tatsächlich oft von Tag zu Tag die Verkleinerung des Lappens perkutorisch verfolgen können. Es darf vielleicht an die alte, schon von Piorry geübte, gegenwärtig etwas vernachlässigte Methode der Perkussion des linken Lappens am Rücken des Patienten erinnert werden, eine Methode, welche einer Fehlerquelle, der Beeinflussung unserer perkutorischen Resultate durch den Meteorismus des Magens, bis zu einem gewissen Grade ausweicht. Bezüglich der Perkussion in Fällen abnormer Ausbuchtung der Leberdämpfung nach unten wird es sich darum handeln, die bezügliche Zugehörigkeit oder nur Anlagerung eines Tumors festzustellen. Etwa bei der Differentialdiagnose eines großen Gallenblasen- oder Nierentumors muß gesagt werden, daß in dieser Richtung die Perkussion keine absolut verläßlichen Resultate liefert, daß weder die Kontinuität der Dämpfung noch die Tatsache, daß Leberdämpfung und Tumordämpfung durch eine tympanitische Zone voneinander getrennt sind, verläßliche Anhaltspunkte gewährt, da wir wissen, daß bei elongiertem Gallenblasenhalse beim Bestehen eines Schnürlappens (Riedel) eine Überlagerung des Tumorstiels durch Darmschlingen gelegentlich beobachtet wird.

Nicht gering darf gerade bei der Untersuchung ikterischer

Kranker die Perkussion der Milz eingeschätzt werden. Bei richtig abgestufter tiefer Perkussion gelingt es in der Rege unschwer, eine bestehende Vergrößerung der Milz festzustellen. Es ist dies um so wichtiger, da ja gerade bei hier in Rede stehenden, unter Icterus oder Subicterus verlaufenden Erkrankungen — es sei nur an die Anaemia perniciosa, an manche Fälle von Cholangitis und Cholecystitis erinnert — ein einwandfrei palpabler Milztumor häufig fehlen kann. Daß andererseits der Nachweis einer normalen oder selbst auffallend kleinen Milzdämpfung nicht mit Sicherheit gegen das Bestehen eines Milztumors verwertet werden kann, ist bekannt und bei Berücksichtigung der Verschiedenheit der Lagebeziehungen der Milz zur Thoraxwand verständlich.

Bezüglich der ja gleichfalls gerade in Fällen von bestehendem Icterus häufig diagnostisch ins Gewicht fallenden, nachweisbaren freien Flüssigkeit im Abdomen sei, abgesehen von den geläufigen Methoden des Nachweises, an die Perkussion der zentralen Bauchpartien in Knie-Ellenbogenlage, an den Nachweis der Fluktuation bei rektaler, vaginaler oder inguinaler Palpation erinnert.

Bevor wir an die Palpation des Abdomens schreiten, soll ein Augenblick der Auskultation der Lebergegend gewidmet werden, da neben den oben erwähnten venösen Geräuschen ein perihepatisches Reiben unter Umständen wesentliche diagnostische Bedeutung erlangen kann.

Die Palpation orientiert uns, abgesehen von der wichtigen Feststellung einer Rigidität der Bauchmuskeln, über Form, Größe, Konsistenz, Oberfläche, Beschaffenheit des Leberrandes, über den Grad der respiratorischen Beweglichkeit, sichert unter Umständen die Diagnose einer vergrößerten Gallenblase durch Feststellung etwa ausführbarer seitlicher pendelartiger Exkursionen des Tumors beim Fehlen einer Verschieblichkeit in der Richtung von oben nach unten. Es sei an die Tatsache erinnert, daß wesentlich vergrößerte Gallenblasen — im Sinne des Hydrops oder des Tumors — ein seitliches Ballotement häufig zeigen, das heißt ein Ballotement bei seitlicher Lage der rückwärts palpierenden Hand, während ein typisches mediales „renales“ Ballotement, bei welchem die rückwärts tastende Hand in den Winkel zwischen Wirbelsäule und letzter Rippe zu liegen kommt, mit großer Wahrscheinlichkeit gegen die Diagnose Gallenblasentumor zu verwerten ist Erst vor kurzem hatte ich Gelegenheit, einen Fall zu sehen, bei dem ursprünglich und nach dem zunächst zu erhebenden Palpationsbefund tatsächlich auch die

Wahrscheinlichkeitsdiagnose Gallenblasentumor durch den Nachweis des medialen Ballotements trotz des Fehlens renaler Symptome irgendwelcher Art rechtzeitig als Nierentumor diagnostiziert werden konnte. In seltenen Fällen wird allerdings auch ein echtes renales Ballotement nicht sicher vor einem Irrtum schützen können, wie zum Beispiel bei primärem Carcinom der Gallenblase, welches zur Fixierung der Nieren führt oder sogar auf diese selbst übergreift.

Es sei an die diffuse Schmerzempfindlichkeit der Stauungsleber erinnert, auch an die Tatsache, daß gerade hier nicht selten ein umschriebener medianer Druckpunkt unterhalb des Processus xiphoideus, insbesondere bei höhergradiger Diastase der Musculi recti festzustellen ist. Wir suchen ferner nach dem umschriebenen Druckpunkte in der Gallenblasengegend, insbesonders auch bei linker Seitenlage des Patienten und tief von oben her unter den Rippenbogen eingreifender Hand. Wir palpieren Milz und linken Leberlappen. Wir prüfen die Schmerzhaftigkeit der Lebergegend bei Kompression der unteren Thoraxpartie in seitlicher und posterior-anteriorer Richtung, wir überzeugen uns von einer etwaigen Schmerzhaftigkeit bei der „Succussio hepatica“: dem kurzen schlagartigen Beklopfen der Lebergegend hinten, seitlich und vorne mit der Kante der Kleinfingerseite der Hand. Wir suchen nach hyperästhetischen Zonen, welche allerdings selbst bei akuten Entzündungsprozessen in der Gallenblase, ebenso wie bei den subphrenischen Abszessen und bei Abszessen der Leber doch nur zu den ausnahmsweise zu findenden Phänomenen zu rechnen sind.

Wir werden Gelegenheit haben, bei der Besprechung der Symptomatologie der einzelnen in Betracht kommenden, unter Icterus verlaufenden Erkrankungen der Leber und Gallenwege auf eine Reihe von Einzelheiten der physikalischen Untersuchung zurückzukommen. Zunächst sollen gleich im Zusammenhange jene Laboratoriumsmethoden geschildert werden, deren Ergebnisse uns diagnostisch wertvolle Dienste leisten, soweit diese Methoden tatsächlich vom praktischen Arzt durchgeführt werden können.

Vor allem ist es die Untersuchung des Harnes und des Stuhles, welche uns bei den unter Icterus verlaufenden Erkrankungen wichtige, ja entscheidende Aufschlüsse zu geben vermag. Die dunkle Färbung des Harnes und die Entfärbung des Stuhles sind es, die uns bei bestehendem Icterus schon anamnestisch den Kompressionsicterus erkennen lassen. Es ist vielleicht nicht überflüssig, darauf hinzuweisen, daß wir bei Beurteilung der vom Kranken gemachten Angaben und auch selbst bei der Inspektion des Stuhles Täuschungen ausgesetzt sind. Da sei an die wenn auch bekannte Tatsache erinnert, wie sehr die Farbe des Stuhles von der Art der Ernährung des Kranken abhängt. Wiederholt finden wir Kranke mit abdominellen, namentlich gastritischen Beschwerden, welche über eine mit den Beschwerden auftretende Entfärbung des Stuhles berichten, die sich aber ohneweiteres in der Weise erklärt, daß der Patient spontan oder über Anraten des Arztes seine Diät geändert hatte, von einer gemischten, vielleicht relativ fleischreichen Kost zu reiner Milchkost übergegangen war. Störungen der Fettverdauung können auch, ganz abgesehen von den durch Gallenabschluß bedingten abnormen Verhältnissen, zur helleren Färbung des Stuhles führen, welcher unter Umständen bei entsprechender Art der Ernährung durchaus die bekannte, charakteristische, lehmartige Farbe und Konsistenz aufweisen kann, wie wir dies etwa bei nicht mit Icterus einhergehenden Affektionen des Pankreas, bei Fettstühlen anderer Genese, etwa im Gefolge eines Morbus Basedow oder einer Tuberkulose der retroperitonealen Drüsen sehen. Gewiß wird eine eingehende Untersuchung des Stuhles, das schon makroskopisch erkennbare Auftreten von Neutralfett, sowie der butterartige Charakter des Stuhles uns endlich die Entscheidung im Sinne der Pankreasfunktionsstörung treffen lassen. Immerhin sind Irrtümer in dieser Richtung nicht selten.

Daß andererseits auch dunkle Färbung des Harnes, von welcher wir anamnestisch hören, nicht ohneweiters als Verfärbung durch Gallenfarbstoff gedeutet werden darf, ist klar, wenn wir uns an die Möglichkeit der Farbenänderung durch Konzentration des Harnes oder nach Einnahme bestimmter Medikamente erinnern. Daß andererseits auch eine vom Patienten angegebene dunklere oder „Rotfärbung“ des Harnes unter Umständen nur in einem erhöhten Urobilingehalt des Harn ihre Erklärung findet, ist bekannt.

In ausgeprägten Fällen von Icterus werden wir kaum die chemische Untersuchung des Harnes zu Rate ziehen müssen, die allgemein bekannte bierbraune Verfärbung des Harnes, sowie die Grünfärbung des Schüttelschaums lassen uns mit Sicherheit die Diagnose Verfärbung durch Gallenfarbstoff stellen. Bei geringen Graden von Icterus wird aber selbst für den Praktiker die Untersuchung des Harnes mit Hilfe der ja einfach anzustellenden Reaktionen, die gleich geschildert werden sollen, nicht zu umgehen sein.

In Betracht kommen neben der ja auch gerade für die unter Icterus verlaufenden Krankheiten in vielen Richtungen wertvollen

Untersuchungen auf Eiweiß und Zucker, auf welche hier nicht näher eingegangen werden soll, die Untersuchung auf Gallenfarbstoff (Bilirubin), auf Urobilin und auf Urobilinogen.

Für den Nachweis des Gallenfarbstoffs im Harn empfehlen sich für den praktischen Arzt zwei Reaktionen: Die altbekannte Gmelinsche Reaktion, das ist die Unterschichtung des Harnes mit rauchender Salpetersäure; das Auftreten des charakteristischen grünen Rings, das ist die Oxydation des Gallenfarbstoff (Bilirubin) zu Biliverdin, beweist die Anwesenheit von Gallenfarbstoff im Urine. Zweitens kann für den Nachweis von Spuren von Gallenfarbstoff das Jod in Form einer einprozentigen Jodtinktur als Oxydationsmittel herangezogen werden. Wir gehen hierbei in folgender Weise vor: Wir überschichten den Harn mit etwa einem halben Kubikzentimeter Jodtinktur und achten auf einen an der Berührungsfläche auftretenden grünen Ring. Diese ursprüngliche Methode hat den Nachteil, daß bei einer geringen Menge Gallenbarbstoffes die Grünfärbung des Ringes gegen das Braun der Jodtinktur nicht deutlich genug zu erkennen ist, so daß wir es vorziehen, das Jod zu entfernen. Dies geschieht am zweckmäßigsten bei Verwendung einer Lösung von Jod in Chloroform (Jodi puri 0·5, Chloroform: 70·0). Benützen wir diese Lösung an Stelle der Jodtinktur, dann können wir durch einfaches Schütteln des Röhrchens das Jod in Kontakt mit dem Harn bringen, dann aber wieder in dem Chloroform konzentrieren, und wir erkennen in der wässerigen Flüssigkeit deutlich auch bei ganz geringen Spuren die durch das gebildete Biliverdin bedingte Grünfärbung.

Die Gallenfarbstoffprobe im Harne ist, abgesehen von allen anderen Fragen, deshalb klinisch differentialdiagnostisch für uns von Bedeutung, weil es eben bestimmte Formen des Icterus sind, bei welchen wir Gallenfarbstoff im Harne finden, während wir ihn bei anderen Erkrankungen, in den Fällen, in welchen wir von hämolytisch bedingtem Icterus sprechen, auch bei leicht parenchymatöser Schädigung der Zellen — ich erinnere an die oben gelegentlich des Icterus bei der Appendicitis gemachten Bemerkung — im Harne vermissen.

Eine zweite Harnreaktion, auf welche auch der praktische Arzt bei der Beurteilung Icteruskranker heute nicht mehr verzichten kann, ist die Prüfung auf Urobilin und Urobilinogen. Namentlich ist der Nachweis des Urobilinogens, der farblosen Vorstufe des Urobilins, sehr einfach, so daß diese Reaktion neben der Prüfung auf Eiweiß und Zucker wirklich zu den auch vom Praktiker durchzuführenden Methoden der Harnuntersuchung gerechnet werden kann. Zum Nachweis des Urobilinogens setzen wir einfach dem Harn einige Tropfen des sogenannten Ehrlichschen Reagens zu (eine zweiprozentige Lösung von Paradimethylaminobenzaldehyd in fünfprozentiger Salzsäure). Mitunter wird von dieser Probe auch als „Aldehyd-Reaktion" gesprochen. Bei Einwirkung größerer Mengen von Urobilinogen tritt sofort eine schön kirschrote Farbe auf. Unter normalen Verhältnissen ändert sich die Farbe des Harnes nicht oder fast nicht, das heißt, bei Durchsicht in dunkler Schichte sind wir eben noch imstande, die Andeutung einer Rotfärbung zu erkennen. Die Probe muß im frischen, zum mindesten nicht allzu lange stehenden Harne vorgenommen werden, da sonst das Urobilinogen in Urobilin übergeht. Wir können gewiß auch in der 24stündigen Harnmenge dann das Urobilin bestimmen, jedoch ist die Methodik des Urobilinnachweises doch schon etwas kompliziert.

Für den Urobilinnachweis versetzt man den Harn mit zehnprozentiger alkoholischer Chlorzinklösung im Überschusse, filtriert von ausfallenden Phosphaten ab und beobachtet das Auftreten einer deutlich grünen Fluoreszenz nach Zusatz eines Tropfens Ammoniak. Man hält zu diesem Zwecke das Röhrchen am besten gegen einen dunklen Hintergrund und beobachtet bei auffallendem Lichte deutliche Fluoreszenz bei bestehendem vermehrten Urobilingehalt.

Quantitative Schätzungen sind auf spektroskopischem Wege möglich, einem Wege, der ja für den praktischen Arzt in der Regel nicht gangbar sein wird. Es genügt aber auch, namentlich bezüglich der Urobilinogenreaktion, das Anstellen der Probe im verdünnten Harne. Wir bereiten uns fortlaufende Verdünnungen mit Wasser 1:2, 1:4 usw. und untersuchen, bis zu welcher Verdünnung wir eben noch eine deutliche Rotfärbung erzielen können; im allgemeinen ist eine Verdünnung bis 1 : 4 noch als normal zu werten.

Für praktische Zwecke wird eine derartige quantitative Schätzung wohl nur ausnahmsweise in Betracht kommen, namentlich dann, wenn wir einen Icteruskranken längere Zeit in Beobachtung haben und uns über den Verlauf, das Abklingen oder das Zunehmen des Icterus orientieren können. Aber selbst hier wird meistens schon die einfache Schätzung bei der qualitativen Probe genügen. Es ist nur ein Punkt zu berücksichtigen, das ist die Tatsache, daß die Urobilinogenausscheidung nicht immer gleichmäßig erfolgt, daß wir bei Prüfung einzelner Harnportionen oft doch ziemlich weit auseinanderliegende Resultate erhalten. Da aus den früher angeführten Gründen die Untersuchung des

24-Stunden-Harnes auf Urobilinogen nicht gut durchführbar ist, müßte man — und dies tun wir auch häufig — tatsächlich in einer ganzen Reihe gelassener einzelner Tagesportionen die Prüfung auf Urobilinogen anstellen, um eine Vermehrung nicht zu übersehen, also sozusagen eine Urobilinogenkurve anlegen. In einzelnen, diagnostisch wichtigen Fällen ist auch gewiß zu dieser Methodik zu raten.

Der Wert der Urobilinogenprobe im Harne ist zunächst der, daß wir ganz im allgemeinen auf eine vorliegende Störung der Leberfunktion aufmerksam gemacht werden. In einem früheren Abschnitte wurde ja schon gelegentlich der Besprechung des Auftretens von Icterus bei Krankheitsfällen verschiedenster Art wiederholt auf dessen diagnostische Bedeutung hingewiesen und auch bei der noch später folgenden Schilderung einzelner Erkrankungen der Leber und bei der Darstellung der Symptomatologie des Icterus haemolyticus wird immer wieder von der Urobilinogenreaktion die Rede sein, da ja sowohl bei der primären Schädigung der Leberzelle als auch bei vermehrtem Zugrundegehen roter Blutkörperchen infolge des Überangebotes erhöhte Urobilinogenwerte im Harne anzutreffen sind. Die Urobilinogenprobe ist in unseren Fällen ein wichtiges Kriterium für die Diagnose des kompletten Verschlusses der Gallenwege, da wir in einem solchen Falle ein Schwinden des Urobilinogens im Harne erwarten.

Zum Verständnisse dieser Tatsache sei nur kurz auf die Art der Bildung des Urobilinogens und Urobilins hingewiesen. Nach der gangbaren Auffassung werden Urobilinogen und Urobilin im Darme gebildet. Das mit der Galle in den Darm sich entleerende Bilirubin wird unter dem Einfluß der Bakterienflora zu Urobilinogen und Urobilin reduziert, zum Teile mit dem Stuhle ausgeschieden, zum Teile rückresorbiert und normalerweise überwiegend wieder mit der Galle in den Darm befördert. Nur zum geringsten Teile gelangt Urobilinogen in die Zirkulation. Dem entspricht die nur angedeutete Harnreaktion. Liegt eine Schädigung der Leber vor oder ist das Angebot an Bilirubin ein allzu reichliches, ist die Leberzelle, wie wir uns vorstellen, nicht mehr imstande, damit fertig zu werden, dann kommt es zum direkten intrahepatalen Übertritt des Urobilinogens in die Lymph- und Blutkapillaren und damit zur Ausscheidung mit dem Harne. — Ist der Verschluß ein vollständiger, tritt kein Bilirubin in den Darm ein, dann kann nach unserer Vorstellung überhaupt kein Urobilinogen gebildet werden, es kann nicht zur Rückresorption, nicht zum Austritte in die Zirkulation kommen, die Harnreaktion wird negativ.

Bevor wir auf die Besprechung der sonst im Harne bei Ikterischen zu erhebenden praktisch wichtigen Befunde eingehen, sei noch die Tatsache erwähnt, daß uns der Nachweis des Gallenfarbstoffes in allen jenen Fällen wichtige Dienste leisten wird, bei welchen es sich überhaupt um die Feststellung handelt, ob ein echter Icterus oder etwa nur ein Pseudoicterus vorliegt. Wir kennen ja tatsächlich eine Reihe von Zuständen, bei welchen die Haut und selbst die Schleimhäute der Kranken eine mehr oder weniger ausgeprägte, an Icterus erinnernde Gelbfärbung annehmen können. Wenn auch in der Regel ganz abgesehen von der Anamnese und den klinischen Befunden schon das Kolorit ein etwas anderes sein wird, schafft doch ein in dieser Hinsicht negativer Harnbefund größere Sicherheit.

Gelegentlich der Besprechung der einzelnen Verfärbungen war schon von der durch Hämatin unu Methämoglobin bedingten Verfärbung der Haut die Rede. Wir reihen nun die bronzeartige Verfärbung etwa beim Bronzediabetes im Rahmen der Hämosiderose und die verschiedenen leichten Grade von Melanodermie, also Pigmentierung bei den verschiedensten Erkrankungen des hämatopoetischen Apparates und der endokrimen Drüsen an. Bei der chronischen Malaria, beim Morbus Addisonii könnte auch gelegentlich an die Möglichkeit einer Verwechslung mit Icterus gedacht werden. Kurz erwähne ich vor allem jene Zustände, welche tatsächlich zur Gelbfärbung führen. Unter den Vergiftungen haben wir der Pikrinsäurevergiftung zu gedenken. Schließlich sind noch die Fälle anzuführen, bei welchen es sich nicht um Gallenfarbstoff oder dessen Derivate, sondern um gelbe Stoffe anderer Art handelt, um Luteine, Carotine, Lipochrome; gelbe Stoffe, welche in verschiedenen Pflanzen in mehr oder weniger weitem Ausmaße enthalten sind und welche durch übermäßigen Genuß dieser Stoffe — in erster Linie kommen gelbe Rüben in Betracht — tatsächlich zur Deponierung der genannten Substanz in Haut und Schleimhäuten führen können. Namentlich bei Säuglingen und Kleinkindern ist über derartige Carotingelbfärbung wiederholt berichtet worden. Die im Verlaufe eines Diabetes, einer Nephritis, während der Gravidität und auch gerade bei den Erkrankungen der Leber mit und ohne Icterus nicht selten zu beobachtenden Xanthomatosen werden, wenn sie in umschriebener Form auftreten, diagnostisch keine Schwierigkeiten machen; aber auch dann, wenn sie einen mehr diffusen Icterus im ersten Momente vortäuschen, doch durch ihren charakteristischen hellen. die grüne Komponente nicht aufweisenden Farbenton kaum differentialdiagnostische Schwierigkeiten bereiten, ganz abgesehen davon, daß wir es eben mit in der Regel auch palpatorisch nachweisbarer Einlagerung zu tun haben.

In dem Kapitel „Pseudoicterus" der Schleimhäute muß schließlich noch der grünen Verfärbung beim Chlorom, etwa an den Tonsillen, gedacht werden.

Wenn wir nun wieder zu den Ergebnissen der Harnuntersuchung zurückkehren, so sei auf die im allgemeinen wenig gewürdigte Tatsache verwiesen, daß in Fällen von Leberinsuffizienz ein verdünnter Harn von niedrigem spezifischem Gewichte ausgeschieden wird, daß in Fällen von parenchymatösem Icterus ein Auftreten eines solchen Harnes imstande sein wird, unsere Prognose zu trüben, und uns zwingen muß, an die Möglichkeit einer drohenden akuten gelben Leberatrophie zu denken.

Die bei Icterus höheren Grades auftretende Albuminurie und Zylindrurie ist bekannt. Es sei schon hier darauf hingewiesen, daß ein akut einsetzender Icterus gerade durch die gleichzeitig nachweisbare Albuminurie schon ein bestimmtes Gepräge erhalten kann, daß wir diese Kombination gerade für den Morbus Weili, von dem ja noch ausführlicher zu sprechen sein wird, für nahezu charakteristisch halten.

Eine etwa vorhandene Glykosurie wird uns für die Frage einer etwaigen Mitbeteiligung des Pankreas von Bedeutung sein, eine Frage, die sowohl bei der Cholecystitis und Cholelithiasis als auch bei Zirrhosen, besonders auch in Fällen von chronischem Gallengangsverschlusse für die Diagnose eines etwa vorliegenden Tumors im Kopfe des Pankreas von oft, allerdings nur bei positivem Ausfalle entscheidender diagnostischer Bedeutung sein wird. Vielfach werden wir uns mit der Feststellung einer spontan vorhandenen oder fehlenden Glykosurie nicht zufrieden geben, sondern uns durch Prüfung der Traubenzuckertoleranz (Untersuchung des Harnes nach Verabreichung von 100 Gramm Traubenzucker auf nüchternen Magen) vergewissern, ob wir auf diesem Wege zu einem Schlusse bezüglich der Funktion der innersekretorischen Tätigkeit des Pankreas gelangen.

Nur anhangsweise kann mit Rücksicht auf die für praktische Ärzte in Betracht kommende Methodik auf das Vorkommen von Leucin und Tyrosin im Harnsedimente hingewiesen werden, deshalb, weil hier wohl immer eine genauere chemische Identifizierung verlangt werden muß und das mikroskopische Bild allein zu Irrtümern führt. Immerhin wird es geboten sein, in jenen Fällen, in welchen auf Leucin oder Tyrosin suspekte Befunde erhoben werden (Auftreten von büschelförmigen, feinen, nadelartigen Kristallen oder kugeligen, konzentrisch oder radiär gestreiften Gebilden), eine größere Harnmenge einem entsprechend eingerichteten Laboratorium zum Zwecke genauerer Analyse zur Verfügung zu stellen. Während man früher das Vorkommen von Leucin und Tyrosin, abgesehen von dem hier ja nicht in Betracht kommenden diabetischen Koma und von anderen Zuständen, nur in schwersten Fällen von Leberinsuffizienz (bei der akuten gelben Leberatrophie, bei der Phosphorvergiftung) kannte, wissen wir auf Grund der Erfahrung der letzten Jahre, daß die prognostische Bedeutung des Auftretens dieser Stoffe im Harne keineswegs eine immer so ungünstige sein muß. In Fällen von Icterus simplex, dessen weiterer Verlauf ein günstiger war, konnte wiederholt — auch ich habe solche Fälle gesehen — Leucin und Tyrosin nachgewiesen werden, ein interessanter Befund, welcher alle anderen Argumente zugunsten der Auffassung der parenchymatösen Natur des Icterus in diesem Falle unterstützt und gewiß, so weit wir es vorläufig sagen können, immerhin anzeigen wird, daß im speziellen Falle die Schädigung eine besonders weitgehende ist.

Der Nachweis der Gallensäure kommt gleichfalls für den praktischen Arzt nicht in Betracht, da sich die einfach auszuführenden Methoden als nicht verläßlich erwiesen haben, die genauere Darstellung aber besondere chemische Erfahrung fordert. Es sind übrigens auch die klinisch-diagnostisch wertvollen Tatsachen, die wir aus den Ergebnissen einer solchen Analyse ziehen können, gering und fallen praktisch-diagnostisch nicht ins Gewicht.

Das Gleiche gilt für den Nachweis bestimmter Fermente, namentlich der Diastase im Harne. Hier hat wohl der Nachweis höherer Diastasewerte in Fällen von chronischem Verschlußicterus diagnostischen Wert für die Annahme eines gleichzeitig bestehenden Pankreasgangverschlusses, aber auch hier bedarf es besonderer Schulung und besonderer Hilfsmittel, um zu verläßlichen Zahlen zu gelangen.

Hinsichtlich der Untersuchung des Stuhles Ikterischer sei dem oben über das makroskopische Aussehen Gesagte eine einfach durchzuführende, oft recht wertvolle Probe angereiht, die Schmidtsche Sublimatprobe. Man geht in der Weise vor, daß man auf einem Objektträger oder etwa auf dem Boden einer Petrischale etwas Stuhl mittelst eines Holzspatels verreibt, so daß eine nicht allzu dicke Schichte resultiert. Man bedeckt nun diese Stuhlschichte mit konzentrierter wässeriger Sublimatlösung (etwa 5%). Unter normalen Verhältnissen tritt nach mehreren Stunden eine deutliche Rotfärbung ein, welche durch eine Doppelverbindung des Sublimats und des Urobilinogens bedingt ist. Ist der Stuhl wie etwa beim hämolytischen Icterus oder bei der perniziösen Anämie besonders urobilinogenreich, so wird diese Rotfärbung entsprechend deutlich sein. Tritt wenig oder gar keine Galle in den Darm, kommt es also nur zu spurweiser Urobilinogenbildung oder fehlt diese vollständig, so bleibt der Stuhl ungefärbt.

Gleichzeitig gestattet diese Probe auch, uns ein Urteil darüber zu bilden, ob unveränderter Gallenfarbstoff (Bilirubin) mit dem Stuhle ausgeschieden wird, deshalb, weil in diesem Falle das Bilirubin, ähnlich wie bei den oben geschilderten Harnproben, durch das Sublimat zu Biliverdin oxydiert wird und die Stuhlprobe nun in toto, häufig auch nur in einzelnen Partien eine Grünfärbung erkennen läßt. Ein derartiges Vorkommnis ist kein allzu häufiges und sei nur der Vollständigkeit halber hier erwähnt. Es wird dann zu erwarten sein, wenn Diarrhöen auftreten. Wir finden unveränderten Gallenfarbstoff namentlich bei Diarrhöen im Säuglings- und Kindesalter, aber gelegentlich auch beim Erwachsenen, bei den sogenannten Jejunaldiarrhöen. Wir stellen uns vor, daß infolge der erhöhten Motilität des Darmes in solchen Fällen der Gallenfarbstoff sozusagen für die Umwandlung in Urobilinogen keine Zeit gefunden hat.

Von besonders praktischer Bedeutung wird der Nachweis von Gallensteinen oder Gallengrieß im Stuhl sein. Der Nachweis ist technisch nicht schwierig, aber zeitraubend und mühsam. Wenn wir wirklich ein sicheres Urteil darüber gewinnen wollen, ob Gallensteine abgegangen sind, ob ein klinisch beobachteter Anfall ein erfolgreicher war, dann ist es notwendig, die gesamte Stuhlmenge, welche der Patient auch in den dem Anfalle folgenden Tagen abgesetzt hat, durch Aufschwemmen in Wasser in großen Gefäßen oder noch besser in einem Siebe einer genauen Inspektion zu unterziehen. Die praktisch-diagnostische und prognostische Bedeutung eines Steinbefundes im Stuhle rechtfertigt die Mühe, welche dieses Verfahren kostet. Tatsächlich wird es, wie die Erfahrung zeigt, viel zu selten, ja es ist wohl nicht übertrieben, zu sagen, fast niemals mit der nötigen Genauigkeit durchgeführt, so daß in der Praxis von dem Nachweise von Steinen oder gar von Gallengrieß nur ganz ausnahmsweise die Rede ist, soferne nicht der Patient selbst mit den im Stuhle gefundenen Steinen zum Arzte kommt. Es sei hier auch auf die bei der Abhandlung der Therapie noch zu erwähnenden Pseudogallensteine hingewiesen, wie sie im Verlaufe von Ölkuren ja fast regelmäßig im Stuhle auftreten: Zusammenballung von Ölseifen. Es seien ferner derartige Pseudosteine bei der Verabreichung von Medikamenten anderer Art erwähnt, wie nach größeren Mengen von Magnesia usta, Bolus alba, Bariumsulfat. Ihnen schließen sich „Steine“ an, welche überwiegend aus Pflanzenresten, besonders nach reichlichem Genusse von kleienhaltigem Brote, von Haferbrot oder Haferflocken zu beobachten sind und welche zusammen mit Salzen verschiedener Art auch die echten Darmsteine zusammensetzen. Bezüglich der verschiedenen Verwechslungsmöglichkeiten sei noch an die grießförmigen, sehr harten kleinen Gebilde erinnert, welche besonders nach Genuß von Birnen im Stuhle auftreten; gelegentlich werden sie für Gallengrieß gehalten. Das gleiche gilt für etwa mit schlecht gewaschenem Salate aufgenommene Erdpartikelchen und ähnliches.

In der Regel wird das makroskopische Aussehen, die Fazettierung, die bekannten Erscheinungsformen an der Bruchfläche (konzentrischer, radiärer Bau) an der Natur des echten Gallensteines keinen Zweifel lassen. Bestehen solche nicht, so wird wohl nur das Einsenden in ein entsprechend eingerichtetes Laboratorium mit Sicherheit die richtige Diagnose stellen lassen. Es sei in dieser Richtung nur erwähnt, daß selbst der Nachweis von Cholestearin in einem derartigen im Stuhle gefundenen Konkremente nicht mit absoluter Sicherheit vor Verwechslung mit Ölsteinen schützt, da manche der für Gallenleiden ausgegebenen Ölpräparate mit Cholestearin versetzt sind, so daß dieses naturgemäß auch in den sich etwa bildenden „Ölsteinen“ auftreten muß.

Die Untersuchung des Stuhles auf Darmparasiten, speziell auf Wurmeier, welche ja für manche Fälle von Icterus (Gallengangsverschluß durch Askariden, Leberegel) von ganz ausschlaggebender Bedeutung sein kann, wird wohl nur in Ausnahmsfällen vom praktischen Arzte selbst durchgeführt werden können, so daß sich die ausführlichere Schilderung dieser Methode hier erübrigt. Es sei nur daran erinnert, daß es in Fällen von Icterus unklarer Genese selbst bei grobanatomischer Veränderung der Leber sowohl beim Stauungsicterus als auch bei unklarer Erkrankung der Gallenwege wohl der Mühe wert ist, eine derartige Untersuchung nicht nur im Interesse der Diagnose, sondern vor allem auch vom Standpunkte der Therapie aus an entsprechender Stelle vornehmen zu lassen.

Bezüglich der Untersuchung des Duodenalinhaltes wird sich der praktische Arzt, abgesehen von der Gallenfarbstoff- und Urobilinogenprobe wohl mit der makroskopischen Untersuchung begnügen müssen. Aber auch diese wird bezüglich Farbe und Schleimgehalt, sowie eitriger oder blutiger Beschaffenheit wichtige

Aufklärung geben. Auch hier wird die Versendung des Materiales an das Laboratorium dringend zu empfehlen sein.

Das Gleiche gilt für die Untersuchung des Blutserums auf Gallenfarbstoff. Auch hier empfiehlt sich die Einsendung des Blutes (etwa fünf Kubikzentimeter) an das Laboratorium. Es handelt sich vor allem um die Feststellung der ja gelegentlich erwähnten sogenannten „direkten“ oder der „indirekten“ Gallenfarbstoffreaktion. Im erstgenannten Falle tritt die für das Bilirubin nach Zusatz des entsprechenden Reagens charakteristische Rotfärbung binnen weniger Sekunden auf (direkte Reaktion). Dies spricht, darin liegt die Bedeutung der Probe, für mechanische Gallenstauung. Kommt es jedoch aus anderen Gründen, etwa im Rahmen eines hämolytischen Icterus zur Vermehrung des Gallenfarbstoffes im Blutserum, so wird die oben erwähnte Rotfärbung erst nach mehreren Minuten (eventuell erst nach Enteiweißung) deutlich sichtbar (indirekte oder verzögerte Reaktion).

Wenn uns die Untersuchung von Harn, Stuhl, eventuell auch die des Blutserums, im allgemeinen über die Natur des Icterus Aufklärung bringen wird, haben wir doch mit diesen Methoden noch keine in praktisch-diagnostischer Hinsicht uns befriedigende Erkenntnis des Zustandes der Leberzelle gewonnen. Wir brauchen noch eine Methode der Funktionsprüfung der Leber im weiteren Sinne des Wortes. Bis zu einem gewissen Grade kann ja sicher die Anstellung der Urobilinogenprobe im Harn als solche Funktionsprüfung gelten. Für die gleich zu besprechenden Zustände, welche wir differentialdiagnostisch voneinander abtrennen müssen, ist jedoch die Tatsache der Urobilinogenvermehrung im Harne deshalb nicht verwertbar, weil wir es hier mit einer Probe von außerordentlicher Empfindlichkeit zu tun haben. Es genügt, um nur einige Beispiele anzuführen, daß ein Patient auf Grund irgendeiner ganz gutartigen fieberhaften Erkrankung, etwa einer Angina tonsillaris, eine minimale vorübergehende parenchymatöse, anatomisch kaum zu fassende Schädigung der Leber erfährt, um zu einer Vermehrung der Urobilinogenausscheidung im Harne zu führen. Die geringste Stauung im Bereiche der Leber führt zu demselben Resultate, ja es ist geradezu die genaue Verfolgung der Urobilinogenausscheidung im Harne, nebenbei bemerkt, eine sehr feine Kontrollmethode des Grades der Leberstauung und damit im speziellen Falle auch des Zustandes des Herzens und der Kreislaufverhältnisse im allgemeinen.

Es genügt andererseits eine ganz umschriebene lokale Veränderung des Lebergewebes, etwa eine kleine Metastase, ein eingelagertes Gumma, um eine Rotfärbung des Harnes bei Zusatz des Ehrlichschen Reagenz hervorzurufen. Es wird von diesem Gesichtspunkte aus die Probe gewiß Bedeutung haben. Wenn wir etwa einen Fall von Carcinoma ventriculi vor uns haben, wird auch beim Fehlen jedes Icterus, wenn wir aus anderen Gründen eine derartige Reaktion etwa im Sinne der kardialen Schwäche ausschließen können, eine ausgesprochene Rotfärbung des Harnes unter den gegebenen Verhältnissen den Verdacht auf Metastasen hervorrufen müssen.

Was wir jedoch praktisch-diagnostisch brauchen, ist vor allem eine Abgrenzung jener Zustände, bei welchen es sich um eine diffuse Schädigung des Leberparenchyms handelt und der Icterus durch diese zustande gekommen ist, von jenen Erscheinungen, bei welchen es sich um einen reinen Stauungsicterus handelt. Die Aufgabe, uns bei dieser Erkenntnis zu unterstützen, erfüllt nun tatsächlich eine Probe, welche im allgemeinen auch vom praktischen Arzte durchgeführt werden kann: die Galaktoseprobe. Sie stellt nach den vorliegenden Erfahrungen gegenwärtig die verläßlichste Probe zur Funktionsprüfung der Leber dar. Andere Methoden, die ja vielfach in den letzten Jahren angegeben wurden, sind für den praktischen Arzt undurchführbar oder entbehren der diagnostischen Bedeutung.

Die Galaktoseprobe wird in folgender Weise durchgeführt. Wir verabreichen dem Patienten 40 Gramm Galaktose in zirka 400 Kubikzentimeter Tee frühmorgens bei nüchternem Magen. Wir veranlassen den Patienten, in der Folgezeit in zweistündigen Intervallen zu urinieren und die einzelnen Proben zu sammeln; ferner bestimmen wir das spezifische Gewicht und den Galaktosegehalt der einzelnen Proben, um schließlich die Gesamtausscheidung von Galaktose zu berechnen, welche in der Regel im Laufe von etwa sechs Stunden erreicht sein wird. Die Untersuchung soll so lange fortgesetzt werden, als die betreffenden Harnproben bei Anstellung der Fehlingschen Probe noch Reduktion zeigen. Da es im wesentlichen auf die Feststellung der Gesamtausscheidung ankommt, läßt sich für praktische Zwecke die Probe viel einfacher so durchführen, daß wir die Galaktose frühmorgens, etwa um sechs oder sieben Uhr verabreichen, dann allen Harn bis etwa sechs Uhr abends sammeln lassen und die Gesamtmenge untersuchen. In dieser Zeit wird in der Regel die Galaktoseausscheidung beendet sein. Die Bestimmung der Galaktose kann nun in jeder für Zuckeranalysen eingerichteten Apotheke (oder Laboratorium), vorgenommen werden. Der Harn wird polarisiert, wobei in der gleichen Weise vorgegangen wird wie bei der Bestimmung des Traubenzuckers. Es werden 50 Kubikzentimeter sauer reagierenden Harns mit 10 Kubikzentimetern Bleiazetatlösung versetzt und filtriert. Das klare Filtrat wird nun polarisiert. Die an dem Apparate abzulesenden Werte müssen, um auf Galaktose umgerechnet zu werden, nur mit einem konstanten Index von 0·63 multipliziert werden.

Beim gesunden Menschen und bei jenen Leberkranken, bei welchen keine parenchymatöse Schädigung des Organs vorliegt, werden nur geringe Mengen von Galaktose im Harne erscheinen, mitunter nur Spuren, meistens von 0·5 bis 1·0 Gramm, unter Umständen auch etwas mehr. Es hat sich als praktisch erwiesen, die Grenze der normalen Galaktoseausscheidung unter den beschriebenen Versuchsbedingugen mit drei Gramm anzusetzen, einem Höchstwert, dessen Überschreitung schon als sicher pathologisch anzusehen ist. Auch Werte, welche sich drei Gramm nähern, müssen als verdächtig gelten, und mahnen zur Wiederholung der Probe.

Es wird bei der Besprechung der einzelnen Leberkrankheiten ja noch wiederholt auf das Verhalten der Galaktoseprobe hingewiesen werden, es seien aber gleich hier, um den praktischen Wert der Probe zu illustrieren, einzelne praktische Beispiele vorweggenommen. Setzt bei einem älteren Menschen unter leichten dyspeptischen Beschwerden Gelbsucht ein, fehlen Fieber und Schmerzen, ergibt die lokale Untersuchung der Lebergegend einen im wesentlichen negativen Befund, so ist es klar, daß der Gedanke an einen malignen Tumor, der zur Gallenstauung geführt hat, sei es an der Papilla Vateri, sei es am Pankreaskopf, auftauchen wird; andererseits muß aber gewiß auch mit der Diagnose eines Icterus simplex gerechnet werden; zwei Erkrankungen, bei welchen gewiß im Interesse der richtigen Prognose eine möglichst rasche und sichere Differentialdiagnose wünschenswert erscheint. Hier kommt die Galaktoseprobe zu Hilfe. Fällt sie in einem derartigen Falle deutlich positiv aus, so können wir den Patienten und die Angehörigen beruhigen; es handelt sich gewiß nicht um einen Stauungsicterus, also gewiß nicht etwa um einen Tumor, sondern sicher um eine diffuse Schädigung des Organs, also unter den gegebenen Bedingungen in erster Linie um einen Icterus simplex.

Erinnern wir uns ferner, daß ein Icterus simplex gelegentlich mit starken Beschwerden, Schmerzen und Druckempfindlichkeit der Lebergegend einhergehen kann, daß andererseits eine auf Grund einer Cholelithiasis sich entwickelnde Gelbsucht relativ indolent verlaufen kann, so wird sich auch hier der Wert der

Galaktoseprobe erweisen. Bei bestehendem Steinverschlusse erwarten wir eine die Grenze des Normalen nicht überschreitende Galaktoseausscheidung, beim Icterus simplex hohe Galaktosewerte.

Wir werden ja wiederholt im Verlaufe der Beschreibung auf derartige Fälle zurückkommen. Hier seien nur noch einige Bemerkungen angeschlossen, welche andererseits zeigen, daß auch die Galaktoseprobe — und dies gilt ja für die Ergebnisse aller unserer klinischen Laboratoriumsmethoden — immer nur mit einer gewissen Kritik unter Berücksichtigung aller vorliegender Umstände verwertet werden darf. Wir werden berücksichtigen müssen, daß naturgemäß der Zustand des Magens, sowie seine Entleerungszeit eine gewisse Rolle spielen werden. Liegt etwa eine Pylorusstenose vor oder eine schwere Funktionsschädigung des Magens anderer Art, dann ist es klar, daß wir ebenso wie bei analogen Zuständen des Duodenums und des Dünndarms mit unregelmäßigem Ausfall der Probe zu rechnen haben werden. Daß es wesentlich ist, sich davon zu überzeugen, daß der Patient wirklich die ganze Menge Galaktose zu sich genommen und nicht einen Teil wieder erbrochen hat, braucht nicht besonders hervorgehoben zu werden und doch klären sich manchmal irreführende Befunde in dieser Weise auf.

Ein zweites Moment muß noch betont werden, welches den Ausfall der Galaktoseprobe wesentlich beeinflussen kann: die Venen-Stauung im Bereiche des Magendarmtraktes, sei es, daß sich eine solche im Rahmen einer allgemeinen kardialen Stauung entwickelt hat, oder daß eine portale Stauung höheren Grades vorliegt. In beiden Fällen wird in der Deutung der Befunde Vorsicht geboten sein. Leider trifft diese Annahme gerade für manche Fälle von Zirrhose zu. Wir werden unter den gegebenen Umständen zum mindesten einem negativen Ausfall der Probe nicht allzu viel Gewicht beimessen dürfen. Bei den Zirrhosen der Leber, wo wir ja auch infolge der diffusen Zellschädigung eine abnorme Galaktosurie, also eine positive Galaktoseprobe erwarten, kommt noch ein zweites Moment hinzu, welches auch dort, wo wir einen positiven Ausfall erwarten, zu negativem Resultat führen kann — und dies ist die Regeneration des Lebergewebes. Wenn wir uns an das pathologisch-anatomische Bild der Leberzirrhose erinnern, vor allem der Laennecschen Zirrhose, so ist es verständlich, daß unter Umständen ein positiver oder negativer Ausfall der Probe ganz wesentlich von dem Grade der Degeneration und Regeneration abhängen wird. Überwiegt die Regeneration, so wird es verständlich sein, daß die zugeführte Galaktose entsprechend verarbeitet wird; es wird ein negatives Resultat zu verzeichnen sein.

Die Erfahrung hat auch gezeigt, daß in einer Reihe anderer Fälle in der Deutung der Galaktoseprobe, und zwar in diesem Falle des positiven Ausfalles der Galaktoseprobe eine gewisse Vorsicht geboten ist; dies scheint wenigstens nach der Angabe einzelner Ärzte überall dort zuzutreffen, wo weitgehende Störungen im Bereiche des vegetativen Nervensystems vorliegen. Bei Patienten mit Zeichen erhöhter Erregbarkeit des Sympathikus oder des Vagus oder beider, beim Hyperthyreoidismus, beim Morbus Basedow, bei allen diesen Zuständen kann anscheinend gelegentlich eine alimentäre Galaktosurie auch ohne Bestehen einer Leberschädigung beobachtet werden. Nach eigener Erfahrung scheint dies jedoch keineswegs die Regel zu sein, so daß eine wesentliche Einschränkung des Wertes der Galaktoseprobe aus diesen Beobachtungen nicht abgeleitet werden kann. Immerhin wird im Zweifelsfalle in der Deutung der Befunde bei derartigen Menschen Vorsicht geboten sein.

Trotz der skizzierten Einschränkungen stellt aber doch die Galaktoseprobe gegenwärtig für die Praxis die Methode der Wahl dar, wenn wir uns ein Urteil über die Funktion des Leberparenchyms im allgemeinen bilden wollen.

Nachdem wir uns, um Wiederholungen zu vermeiden, über die in Betracht kommenden Laboratoriumsmethoden orientiert haben, nachdem wir die Bedeutung eines symptomatischen Icterus bei Erkrankungen verschiedener Art besprochen haben, wenden wir uns nun den unter Icterus verlaufenden Erkrankungen der Leber zu, welchen wir jene Affektionen beiordnen wollen, in welchen neben der Veränderung der Leber auch eine Veränderung der Milz im Vordergrunde des klinischen Bildes steht, Zustände, von welchen wir ganz allgemein nach Eppinger als hepatolienalen Erkrankungen sprechen.

Parenchymicterus.

Icterus simplex sive catarrhalis.

Das Krankheitsbild des Icterus simplex oder catarrhalis praktischen Ärzten zu schildern, erscheint wohl überflüssig. Um so wichtiger ist es aber vielleicht, einiges über unsere gegenwärtige Auffassung des Wesens dieser Affektion zu sagen. Die Bezeichnung Icterus catarrhalis geht von der allgemein bekannten Erfahrung aus, daß wir häufig als Initialsymptom noch vor Beginn der Gelbsucht dyspeptische, gastritische Erscheinungen feststellen können und daß diese auch noch wenigstens in den ersten Tagen und Wochen der Gelbsucht eine wesentliche Rolle spielen. Nicht zuletzt geht diese Bezeichnung von der Anschauung aus, daß es sich bei der katarrhalischen Gelbsucht um einen vom Duodenum ausgehenden und sich in die Gallenwege fortsetzenden Katarrh handelt, oder daß der Duodenalkatarrh durch Ödem der Schleimhaut in der Umgebung der Papilla Vateri, vielleicht durch Schwellung des lymphatischen Gewebes dieser Gegend und schließlich auch durch Verlegung des Lumens des Ductus choledochus mit Schleim und Detritus zum Verschluß des Ductus und somit zum mechanischen Stauungsicterus führt. Die Erfahrung zeigt nun aber zwei Tatsachen. Zunächst wissen wir, daß die genannten gastroduodenalen Symptome keineswegs immer bei Icterus bestehen müssen, daß der Icterus vielmehr auch plötzlich ohne Prodromalerscheinungen auftreten kann oder daß nur Prodrome ganz allgemeiner Art, wie Müdigkeit, Abgeschlagenheit, Kopfschmerzen vorliegen, die etwa an die Symptome der Inkubationszeit zufällig infektiöser Zustände erinnern, so daß wir von vornherein weniger daran denken, daß katarrhalische Erscheinungen des Magendarmtraktes im Vordergrunde stehen, sondern vielmehr, noch gestützt auf den nachweisbaren weichen Milztumor und etwaige leichte Temperatursteigerung, tatsächlich die Möglichkeit eines infektiösen Agens erwägen.

Eine zweite Tatsache, welche wir mit der Annahme eines mechanischen Stauungsicterus im Sinne des Verschlusses durch einen Schleimpfropf etc. nicht in Einklang bringen können, ist der positive Ausfall der Galaktoseprobe. Wenn wir sagen, daß die Fälle von sogenanntem Icterus catarrhalis zu jenen gehören, welche oft die maximalste Galaktose aufweisen, wie wir sie bei den typischen Vertretern schwerer Parenchymschädigung der Leber, etwa bei der Phosphorvergiftung oder bei der akuten gelben Leberatrophie vorfinden, so wird ein derartiger Befund kaum mit der Annahme eines mechanischen Stauungsicterus vereinbar sein, welcher nach aller Erfahrung zu keiner pathologischen Galaktosurie führt. Wir werden auch hier, ganz abgesehen von Argumenten anderer Art, mit einer diffusen Schädigung des Leberparenchyms rechnen müssen.

All dies hat dazu Veranlassung gegeben, die präjudizierliche Bezeichnung katarrhalische Gelbsucht fallen zu lassen, und bei gutartigem Verlaufe ganz allgemein von Icterus simplex zu sprechen, wobei wir uns bewußt sein müssen, daß wir mit dieser Bezeichnung nicht ein ganz bestimmtes Krankheitsbild im Auge haben, sondern daß es sich vielmehr um eine Gruppenbezeichnung handelt, welche wir voraussichtlich bei Vertiefung unserer Kenntnisse auf diesem Gebiete werden fallen lassen können. Wir wollen mit der Bezeichnung Icterus simplex zum Ausdrucke bringen, daß es sich um einfache, nicht komplizierte Zustände handelt.

Im Einzelfalle kennen wir gegenwärtig in der Regel weder die Ätiologie, noch können wir uns immer ein vollständiges Bild über das pathologische Geschehen machen. Es werden primäre zelluläre Schädigung und primäre diffuse Erkrankung der Gallenwege mit folgender Zellschädigung nicht immer scharf auseinander zu halten sein. Gerade hier wird uns aber in der Differentialdiagnose zwischen Cholangitis und Icterus simplex im engeren Sinne des Wortes die Galaktoseprobe zu Hilfe kommen. Wir können rein symptomatisch auch ätiologisch sichere Formen, wie etwa eine luetische Erkrankung oder den Salvarsan-Icterus meistens nicht abtrennen.

Der luetischen Leberaffektion begegnen wir im Sekundärstadium der Lues als Gelbsucht mehr flüchtiger Art, häufiger längere Zeit durch mehrere Wochen bestehend, fast regelmäßig von einem Tumor der Milz begleitet; diese kann zur Zeit des Exanthems, aber auch vor diesem auftreten oder ihm folgen. — Bei der im Gefolge der Salvarsankur auftretenden Gelbsucht begegnen wir wieder Schwierigkeiten in der Deutung der Pathogenese. Ob Provokation einer luetischen Leberveränderung (Herxheimersche Reaktion) oder ob echte Salvarsanschädigung vorliegt, wird nicht immer leicht zu entscheiden sein. Daß mit solchen Schädigungen jedoch tatsächlich zu rechnen ist, geht aus jenen Fällen hervor, bei welchen aus anderen Gründen, ohne daß eine Lues vorliegen würde, eine Salvarsanbehandlung eingeleitet wurde und Icterus als Folge auftrat.

Ist der Verlauf aller dieser Formen von Gelbsucht im allgemeinen ein gutartiger — und deshalb wurde ja im Gegensatz zu schweren Verlaufsformen des Icterus gravis die Bezeichnung Icterus simplex gewählt —, so hat doch die Erfahrung gelehrt, daß wir uns bei der Prognosenstellung eine gewisse Reserve auferlegen müssen, und zwar ist diese Einschränkung in doppelter Hinsicht begründet: einerseits in der Möglichkeit einer allmählichen oder plötzlich einsetzenden Änderung im Charakter des degenerativen Prozesses, welcher zu tiefergreifender Störung, ja selbst zur akuten gelben Leberatrophie führen kann; andererseits in der Tatsache, daß man mit Recht darauf verwiesen hat, daß sich ein derartiger Icterus simplex unter Umständen zu chronischen indurativen Prozessen, zur Zirrhose der Leber führen kann. Während an der Möglichkeit des Überganges einer als harmloser „Icterus catarrhalis“ beginnenden Erkrankung in eine akute gelbe

Leberatrophie kein Zweifel bestehen kann, ist der Zusammenhang zwischen Icterus simplex und Zirrhose vorläufig ein noch hypothetischer, wenn auch sehr wahrscheinlicher. Es ist auch begreiflich, daß namentlich protrahierte und rezidivierende Formen unter Umständen zu Reaktionen seitens des interstitiellen Gewebes führen können. Ganz abgesehen davon, daß vielleicht alle die Noxen, welche für die Genese einer Zirrhose überhaupt in Betracht kommen können, in einer vorher geschädigten Leber ein für die Entwicklung der Zirrhose geeignetes Milieu finden können. Ebenso wird auch an konstitutionelle Momente, an eine an sich gewiß relative Minderwertigkeit der Leber in dieser Richtung zu denken sein.

Akute gelbe Leberatrophie.

Ebenso wie wir vom Icterus simplex als Gruppenbezeichnung gesprochen haben, können wir auch die Diagnose akute gelbe Leberatrophie nur als Charakterisierung eines vorliegenden Symptomenkomplexes und als Diagnose eines zwar anatomisch wohl umgrenzten, ätiologisch aber vielfältigen Zustandes anerkennen. Das klinische Bild der Leberatrophie, wie es sich etwa im Verlaufe eines Icterus simplex einstellen kann, unterscheidet sich in keinem seiner Züge wesentlich von dem, wie wir ihm bei der Phosphorvergiftung, bei Vergiftungen anderer Art, bei der Leberatrophie im Verlaufe der Gravidität, bei der Lues und bei einzelnen septischen Erkrankungen begegnen. Abgesehen von der Atrophie, der Verkleinerung des Organs müssen wir sogar sagen, daß manche Endstadien von Zirrhose, auch solche mit wesentlicher Vergrößerung des Organs, die sonst für die Leberatrophie charakteristische Symptomenreihe aufweisen. In allen Fällen ist es die parenchymatöse Leberinsuffizienz, welche das Bild beherrscht.

Von der Wichtigkeit des perkutorischen Nachweises einer Verkleinerung der Leber, namentlich des linken Leberlappens bei der akuten gelben Leberatrophie wurde schon gesprochen. Abgesehen vom Icterus, welcher in der Regel ein recht intensiver ist, jedoch nicht unbedingt sein muß, ja mitunter nur angedeutet zu sein braucht — offenbar dann, wenn infolge der Leberinsuffizienz die Gallenfarbstoffbereitung überhaupt schwer darnieder liegt — ist es vor allem das psychische Verhalten des Patienten, welches unsere Aufmerksamkeit auf die Schwere des Krankheitsbildes lenkt. In der Regel werden die Patienten schwer ansprechbar, müde und hinfällig, appetitlos, klagen über Aufstoßen. Gelegentlich tritt auch Erbrechen auf. Schließlich wird der Kranke apathisch, wobei sich häufig Zeichen motorischer Unruhe einstellen; Sehnenhüpfen, unwillkürliche gröbere Exkursionen der Extremitäten, namentlich kleine Bewegungen der Finger und Hände sind ähnlich wie bei urämischen Zuständen nicht selten zu beobachten, gelegentlich nehmen diese nach eigenen Erfahrungen choreatischen oder athetotischen Typus an. Auch halbseitige, ganz flüchtige Zuckungen, selbst klonisch-epileptiforme Krämpfe können das Bild vervollständigen. Andererseits können auch psychische Erregungszustände von manischem Charakter auftreten. Reichliche Salivation ist mitunter zu beobachten. Delirante Zustände wurden nicht selten beschrieben. Schließlich etabliert sich schweres Koma.

Meistens besteht ausgeprägte Bradykardie. Die Atmung ist in der Regel beschleunigt und vertieft, erinnert bisweilen an die große und tiefe Atmung des Koma diabeticum. Der Geruch der Ausatmungsluft des Kranken ist ein charakteristischer und wird meistens mit dem frischer Erde verglichen; wir sprechen von einem Foetor hepaticus. Das Abdomen ist häufig eingezogen, mitunter auch meteoristisch gebläht, die Lebergegend empfindlich, mitunter außerordentlich schmerzhaft und auch spontane Schmerzen werden von dem Patienten angegeben. Ein Milztumor ist in der Regel deutlich zu fühlen und zum mindesten perkutorisch nachzuweisen. Gelegentlich, aber wohl nur als Ausnahmssymptom, kann Aszites auftreten.

Der Harn enthält Gallenfarbstoff und meistens sehr reichlich Urobilinogen. Die mikroskopische und chemische Untersuchung weist Leucin und Tyrosin nach. Zu diesem Zwecke wird aber wohl meistens die genaue Analyse im Laboratorium herangezogen werden müssen.

Der Stuhl kann normal gefärbt sein, ist in der Regel aber hypocholisch. Vollkommene Entfärbung ist kaum zu sehen, abgesehen von jenen Fällen, in welchen sich die akute gelbe Leberatrophie im Anschlusse an einen vollständigen Verschluß der Gallenwege anderer Genese eingestellt hat.

Während früher die Prognose der akuten gelben Leberatrophie, eine Bezeichnung, welche übrigens klinisch insoferne nicht ganz zutrifft, als sich der Zustand ja gelegentlich auch schleichend entwickeln kann, als absolut infaust bezeichnet werden mußte, hat die Erfahrung gelehrt, daß es doch gelegentlich gewisse, nicht allzu häufige Fälle gibt, welche sich wieder erholen können. Die Ausheilung erfolgt unter dem Bilde der sogenannten grobknotigen Hyperplasie, welche vielleicht bis zu einem gewissen Grade den Zirrhosen zugezählt werden darf. Klinisch werden gewiß derartige Zustände von echt grobhöckeriger Zirrhose kaum unterschieden werden können. Auch hier kann sich im Laufe der Zeit, anscheinend in der Regel erst spät, der Symptomenkomplex der Pfortaderstauung einstellen.

Weilsche Krankheit.

Bevor wir auf die Besprechung der Erkrankung der Gallenwege und der Bedeutung des Icterus für diese eingehen, sei kurz einer Affektion gedacht, welche gleichfalls zur Schädigung des Gesamtorganes führt.

Im Gegensatze zu den Formen von Icterus simplex, bei welchen wir nur auf Grund des gehäuften Vorkommens leichter Temperatursteigerungen, eines mehr im Vordergrund stehenden Milztumors und gestützt auf die die Gelbsucht begleitenden Allgemeinerscheinungen an eine infektiöse Genese denken, steht ein Krankheitsbild, welches ätiologisch, anatomisch und klinisch wohl charakterisiert erscheint und für welches die Bezeichnung Icterus infectiosus im engeren Sinne des Wortes allgemein gebräuchlich geworden ist: die Weilsche Krankheit. Wenn wir diesem Leiden auch selten begegnen, sei doch auf die Symptomatologie mit einigen Worten eingegangen, da ja gerade hier die Diagnose eines etwa sporadisch auftretenden Falles von Bedeutung sein kann.

Schon der Beginn des Leidens wird uns verraten, daß wir es hier mit einer akuten Infektionskrankheit zu tun haben. Der häufig auftretende initiale Schüttelfrost, ein nicht selten zu beobachtender Herpes labialis, das auftretende Fieber, die nachweisbare, meistens mäßige Vergrößerung von Leber und Milz, der schwere Allgemeinzustand, der „typhöse" Eindruck werden besonders nach Auftreten des Icterus, der sich in der Regel erst am dritten oder vierten Tage entwickelt, auf die richtige Fährte leiten. Die fast regelmäßig vorhandene Albuminurie, welche sich unter Umständen zu nephritischen Erscheinungen steigern kann, die in der Regel bald auftretenden und ebenfalls in besonderer Intensität im Vordergrunde der Klagen des Patienten stehenden Wadenschmerzen, welche nebenbei bemerkt in der Rekonvaleszenz selbst Atrophien der Wadenmuskulatur im Gefolge haben können, vervollständigen das klinische Bild, das auch hämatologisch bis zu einem gewissen Grade charakterisiert erscheint. Abgesehen von oft erheblicher Anämie, welche mit den Erscheinungen der hämorrhagischen Diathese verlaufen kann, finden wir auf der Höhe der Erkrankung wesentliche Vermehrung der Gesamtzahl der Leukozyten mit Vermehrung der neutrophilen und Schwinden der eosinophilen Zellen. Das Fieber nimmt meistens einen wellenförmigen Verlauf mit einer nach fünf bis acht Tagen einsetzenden Intermission.

Uns interessiert in diesem Zusammenhang vor allem der Icterus. Er ist zumeist ein rasch einsetzender und beträchtlicher. Mit Rücksicht auf die anatomisch festgestellte, weitgehende Leberzellschädigung ist er wohl in erster Linie als hepatogener Icterus aufzufassen. Dem hepatalen Charakter der Gelbsucht entsprechend ist in der Regel auch Pruritus vorhanden. Die gelegentlich zu beobachtende Neigung zu Bradykardie wird meistens durch die fieberhaft bedingte Tachykardie kompensiert. Bilirubin ist im Harne meistens reichlich zu finden. Der Urobilinogengehalt wird nach dem früher Gesagten von dem etwa vorhandenen Grade der Gallenstauung abhängen.

Erkrankungen der Gallenwege.

Wenn wir nun auf die Stellung des Icterus bei der akuten und chronischen Cholangitis und Cholecystitis zu sprechen kommen, so muß trotz der Selbstverständlichkeit einer solchen Aussage mit Rücksicht darauf, daß wir immer wieder die Erfahrung machen, daß in dieser Richtung Irrtümer vorkommen, der Satz unterstrichen werden, daß ein auf die Gallenblase beschränkter Prozeß — mag es sich um Entzündung seiner Wandung oder selbst um einen Tumor handeln — nicht zu Icterus führt und nicht führen kann. Erst die Ausbreitung des Prozesses auf die großen Gallenwege oder ein von vornherein gegebenes Ergriffensein der kleineren Gallenwege im allgemeinen oder eine Komplikation wird zu Icterus führen müssen. Bezüglich der diffusen Cholangitis sei vor allem die Tatsache hervorgehoben, daß wir Fälle kennen, in welchen nicht das ganze Organ sondern nur der eine oder andere Lappen, anscheinend besonders der linke, Sitz der diffusen Entzündung der Gallenwege sein kann. Auch hier können trotz des Icterus differentialdiagnostische Schwierigkeiten auftauchen.

Die Diagnose des typischen Symptomenbildes der akuten und chronischen Cholezystitis wird im allgemeinen keine Schwierigkeiten machen. In der Regel werden die umschriebene Druckempfindlichkeit der Gallenblasengegend, die typische Ausbreitung des Schmerzes bis in die rechte Schulter, sowie die Anamnese die richtige Diagnose stellen lassen.

An dieser Stelle sollen aber einige Bemerkungen über die R ö n t g e n u n t e r s u c h u n g d e r G a l l e n b l a s e Platz finden, welche ja in den letzten Jahren hinsichtlich des Nachweises von Steinen und in der Darstellung der Gallenblase ganz wesentliche Fortschritte zu verzeichnen hat. Es ist für den praktischen Arzt vor allem wesentlich, darüber orientiert zu sein, daß ein in dieser Richtung negativer Röntgenbefund keine ausschließende Bedeutung hat. Trotz der Angabe: „Steinschatten nicht nachweisbar“ können Steine bestehen, trotz der Angabe: „Gallenblase nicht füllbar“ kann die Gallenblase vollkommen normal sein. Nur der positive Röntgenbefund wird in die Wagschale fallen und auch da ist es Sache des behandelnden Arztes, den erhobenen Röntgenbefund erst in die gesamte Symptomatologie einzufügen, um unter Berücksichtigung aller Umstände schließlich zur Diagnose zu gelangen. Es können sonst schwere Irrtümer unterlaufen, Irrtümer, die naturgemäß nicht der Röntgenmethodik als solcher zur Last fallen, sondern nur der unrichtigen Deutung des Röntgenbefundes.

Um ein Beispiel in dieser Richtung zu geben, erwähne ich einen Fall, in welchem klinisch die Differentialdiagnose wie so häufig zwischen Cholelithiasis und Ulcus duodeni schwankte. Die Ergebnisse der klinischen Untersuchung waren einander widersprechend, immerhin bestand der Eindruck eines Ulcus duodeni. Unter dem Eindrucke des Röntgenbildes wurde nun die klinische Vermutung Ulcus duodeni fallen gelassen und die Diagnose Cholelithiasis gestellt. Die Operation ergab nun wohl Konkremente in der Gallenblase, jedoch bei Fehlen jeder entzündlichen Reaktionserscheinung, außerdem aber ein Ulcus duodeni. Wir dürfen nicht vergessen, daß es uns klinisch, wenn es sich darum handelt, abdominelle Beschwerden des Kranken zu klären, wenn ich es in etwas paradoxer Form ausdrücken darf, gleichgiltig ist, ob Gallensteine bestehen oder nicht, ob der Patient gleichzeitig latenter Gallensteinträger ist, insolange die Steine nicht rein mechanisch oder infolge der sich hinzugesellenden Entzündung und Stauungserscheinungen auch tatsächlich Beschwerden machen. Ein anderer Fall, welcher die Notwendigkeit einer entsprechenden Kritik dem Röntgenbefund gegenüber beleuchtet, wurde vor kurzem in einer unserer ärztlichen Gesellschaften gezeigt. Die klinische Diagnose schwankte zwischen Tumor der Gallenblase und Tumor der Niere. Die Röntgenuntersuchung des Nierenbeckens zeigte eine hochgradige Deformation des Nierenbeckens, die Gallenblase eine anscheinend normale Füllung. Die Deformierung des Nierenbeckens fand ihre Erklärung in der Verdrängung der Niere durch einen doch vorhandenen Tumor der Gallenblase. Das als gefüllte Gallenblase angesprochene Schattengebilde konnte in anderer Weise vielleicht durch ein Depot der Kontrastmasse im Duodenum erklärt werden. Wenn derartige Irrtümer im klinischen Betriebe möglich sind, dort, wo klinische Untersuchung und Röntgenuntersuchung Hand in Hand gehen, wird für den praktischen Arzt um so größere Vorsicht und eingehende Beratung mit dem röntgenisierenden Arzt geboten sein, da ja die Röntgenuntersuchung unter den Verhältnissen der Praxis gewöhnlich getrennt vorgenommen wird und dem Arzte nur der erhobene Befund zur Verfügung steht. Es soll nochmals hervorgehoben werden, daß nur positive Befunde praktisch von Bedeutung sind. Die Angabe, daß Steinschatten auf der Platte nicht zu sehen sind, daß die Gallenblase nicht darstellbar ist, und selbst ein normales Füllungsbild der Gallenblase werden mit der aus anderen Gründen gestellten klinischen Diagnose nicht in Konkurrenz treten können. Größere Bedeutung besitzt der Nachweis von Unregelmäßigkeiten der Form der Gallenblase im Sinne von Veränderungen der Gallenblasenwand, Adhäsionen etc.

Den akuten oder chronischen, nicht eitrigen Entzündungen der Gallenwege schließen sich die suppurativen Prozesse, die Cholangitis purulenta an, welche gleichfalls mit einem in seiner Intensität verschieden ausgeprägten Icterus einhergehen. Der Charakter des Fiebers, das Auftreten von Schüttelfrost, die ausgeprägte Schmerzhaftigkeit der vergrößerten Leber, die nachweisbare neutrophile Leukozytose, sowie der septische Allgemeineindruck des Kranken werden uns zur richtigen Diagnose führen.

Weniger konstant, ja mitunter auch vollständig fehlend, ist der Icterus beim umschriebenen Abszeß der Leber, sei es, daß sich dieser im Anschlusse an ein Trauma oder als Kontaktabszeß bei bestehender Erkrankung der Gallenwege entwickelt hat, sei es, daß er im Gefolge einer Appendizitis, einer Dysenterie oder eines Typhus aufgetreten ist. Gerade bei der Diagnose des Leberabszesses macht die differentialdiagnostische Abgrenzung gegen bestimmte extrahepatale Veränderungen, vor allem gegen den subphrenischen Abszeß und gegen das rechtseitige basale Empyem mitunter Schwierigkeiten, da auch hier leichte ikterische Verfärbung der Haut und der Schleimhäute bestehen können.

Wir haben wohl oben des Auftretens von Icterus im Verlaufe eine Cholelithiasis, einer Cholezystitis gedacht, aber jene dignostischen Schwierigkeiten noch nicht gewürdigt, mit welchen wir bei länger dauerndem Verschlusse des Ductus choledochus zu rechnen haben. Vor allem ist es die Differentialdiagnose zwischen benignem und malignem Verschlusse, auf welche wir mit

Rücksicht auf die praktische Bedeutung dieser Frage eingehen müssen.

Wenn wir es mit Patienten im höheren Lebensalter zu tun haben, bei welchen Icterus seit längerer Zeit besteht, dann erweist es sich mitunter als zweckmäßig, in unseren diagnostischen Überlegungen zunächst von der Frage des Sitzes des Hindernisses abzusehen und ganz allgemein zu überlegen, ob wir es hier mit einem benignen Prozesse oder aber mit Veränderungen maligner Natur zu tun haben; ob es sich also im ersteren Falle etwa um einen Steinverschluß, Narbenbildung, Adhäsion mit folgender Verziehung und Schrumpfung handelt, oder ob andererseits ein Karzinom, sei es im Bereiche des Ductus choledochus, sei es im Kopfe des Pankreas oder an der Papilla Vateri, in Betracht kommt, soweit nicht etwa ein primäres Karzinom der Gallenblase mit Übergreifen auf die großen Gallenwege oder in selteneren Fällen ein Verschlußicterus auf Grund von Lebermetastasen bei andersartigem primärem Sitze des Tumors ins Kalkül gezogen werden muß.

Wenn wir uns fragen, ob jene Argumente, welche sonst im allgemeinen für die maligne Natur einer bestehenden Erkrankung unsere Entschließung in der Regel beeinflußen, auch hier volle Geltung haben, so begegnen wir gerade bei bestehendem chronischem Icterus gewissen Schwierigkeiten. Während sonst im allgemeinen höhergradige, rapid einsetzende und sich rapid entwickelnde Abmagerung, allgemeine Hinfälligkeit, kurz das Bild der Kachexie eben den Gedanken an eine bestehende Krebskachexie wachrufen, ist in dieser Hinsicht bei der Beurteilung chronisch Ikterischer Vorsicht geboten. Wir wissen, daß auch der chronische benigne Icterus, etwa im Gefolge eines Steinverschlusses, den Ernährungszustand des Kranken in ganz wesentlichem Maße beeinflussen kann und daß solche Patienten in kürzester Zeit enorme Gewichtsverluste aufweisen können; es entwickelt sich keineswegs selten auch bei solchen Zuständen geradezu das Bild des kachektischen Zustandes. Es sind wohl verschiedene Momente, welche dazu führen können; die verschlechterte Nahrungsausnützung, namentlich die des Fettes, die Appetitlosigkeit, die allgemeinen dyspeptischen Erscheinungen, und nicht zuletzt das Hautjucken, welches ja oft so quälend werden kann, daß der Patient durch die sich oft entwickelnde und kaum zu bekämpfende Schlaflosigkeit immer mehr herunterkommt. Daß namentlich das Hautjucken hier eine große, ja entscheidende Rolle spielen kann, zeigen jene Fälle von malignem Icterus, bei welchen trotz der Schwere der Erkrankung dieses quälende Symptom fehlt oder in geringem Maße vorhanden ist und der Gesamtzustand des Patienten lange ein relativ guter ist. Daß andererseits dem Hautjucken an sich differentialdiagnostische Bedeutung zukommt, wie es früher vielfach angenommen wurde, trifft wohl nicht zu. Die alte Regel, daß Hautjucken bei benignem Icterus ein häufiges Symptom, bei malignem Verschlußicterus selten ist oder in der Mehrzahl der Fälle ganz fehlt, gilt nicht zurecht. Wir haben wiederholt Fälle von malignem Verschlußicterus mit starkem Hautjucken und gutartige Icterusformen ohne Hautjucken verlaufen sehen.

Und noch ein früher anerkannter diagnostischer Leitsatz muß in seiner allgemeinen Giltigkeit abgelehnt werden; es ist dies das nach Courvoisier genannte Gesetz, nach welchem der Nachweis einer großen, prall gefüllten Gallenblase für Tumor, ihr Fehlen für die benigne Natur der Erkrankung zu verwerten wäre. Zunächst wird wohl zugegeben werden müssen, daß ein Karzinom etwa an der Papilla Vateri gewiß zu einer Stauung in der Gallenblase führen wird, ebenso daß ein Steinverschluß des Choledochus mit negativem Palpationsbefund in der Gallenblasengegend einhergehen kann, da in diesem Falle ja sicher häufig Residuen abgelaufener, entzündlicher Prozesse an der Gallenblase zu deren Schrumpfung geführt haben, so daß sie sich dem Nachweis mittels unserer physikalischen Untersuchungsmethoden entziehen; aber allgemeine Giltigkeit darf der Satz gewiß nicht beanspruchen. Dies braucht kaum im Einzelnen begründet zu werden. Von den bei der Häufigkeit des Gallensteinleidens zu erwartenden kombinierten Fällen ganz abgesehen, wird auch beim Steinleiden die Gallenblase intakt bleiben können und sich bei der Palpation als tastbarer Tumor darstellen lassen.

Zwei Momente sind es aber, welche einen positiven Beitrag zur Differentialdiagnose in der besprochenen Richtung liefern: die genaue Beobachtung des Verlaufes und des Grades des Icterus und der Nachweis eines Milztumors.

Im allgemeinen werden wir einen allmählich einsetzenden, durchaus progredienten Icterus, der sich später, wie die Kontrolle der Aldehydreaktion im Harn zeigt, als kompletter Verschlußicterus erweist und komplett bleibt, im Sinne der Malignität des Prozesses deuten dürfen. Plötzlich einsetzender, in der Intensität eher schwankender Icterus oder zum mindesten, — wieder in einem Ausfallen der Aldehydreaktion im Harn gemessen — auch bei anscheinend gleichstarkem Icterus doch offenbar zeitweiser Übertritt von Galle in den Harn, das sind, von allen anderen Momenten, wie etwa dem Auftreten echter Gallenkoliken, Temperatursteigerung, Schüttelfrost abgesehen, gewiß Zeichen, die eher im Sinne der Benignität des Prozesses gedeutet werden müssen. Auch hier gibt es Ausnahmen dieser im allgemeinen wohl geltenden Regel, namentlich hinsichtlich der Intensität des Icterus beim Karzinome. Während wir beim Steinverschlusse bei genauer Beobachtung wohl regelmäßig Änderungen im Grade des Icterus, zum mindesten Änderung der Intensität der Aldehydreaktion nachweisen können — uns also in dieser Richtung auf unsere diagnostischen Leitsätze verlassen können —, kommt es beim Karzinome doch gelegentlich zu Schwankungen. Dies gilt in erster Linie für das Karzinom der Papilla Vateri, weniger für die Karzinome des Choledochus; es gilt auch für jene Fälle, bei welchen der Verschluß durch Druck von außen, also etwa beim primären Gallenblasenkrebs zustande kommt.

Beim Karzinom der Papilla Vateri kann die Ulzeration des Tumors der Galle den Weg frei machen. Hier wird es sich wohl aber meistens um einen einmaligen Vorgang handeln. Eine etwa gleichzeitig nachweisbare okkulte oder manifeste Blutung wird trotz der gerade beim Icterus bestehenden Schwierigkeit in der Bewertung des Ausfalls der Proben auf okkulte Blutung die Diagnose stützen. Beim Karzinom des Pankreas gehört eine Änderung des Grades des Icterus zu den ungewöhnlichen Ereignissen, wird aber doch auch ausnahmsweise beobachtet. Dann müssen wohl die den Tumor begleitenden Entzündungserscheinungen, die Hyperämie, das Ödem, unter Umständen vielleicht auch die schrumpfende Wirkung des Tumors zur Erklärung herangezogen werden.

Leberzirrhosen.

Wir wenden uns nunmehr der Besprechung der Gelbsucht bei cirrhotischen Veränderungen der Leber zu. Hier begegnen wir einem schwierigen Kapitel der klinischen Differentialdiagnose, schwierig deshalb, weil uns vielfach die pathologische Anatomie, welche ja die sicherste Führerin der Klinik ist, insofern im Stiche läßt, als nach Symptomatologie und Verlauf, wie wir klinisch sagen müssen, verschiedenartige Erkrankungen mitunter allgemein anerkannte anatomische Differenzierungen vermissen lassen. Da gerade der Icterus in der Symptomatologie der Zirrhosen eine führende Rolle spielt, müssen wir kurz einige allgemeine Bemerkungen über die Zirrhose der Leber vorausschicken. Der Zeitpunkt des Auftretens der Gelbsucht, ihre Intensität, die Frage, ob es sich um Stauungsicterus oder um parenchymatösen Icterus ohne Entfärbung des Stuhles handelt, all das sind Momente von oft entscheidender differentialdiagnostischer Bedeutung.

Gallenstauungszirrhose.

Die Schwierigkeit der Einteilung und der Abgrenzung einzelner Formen der Zirrhose beginnt bei den sogenannten hypertrophischen Formen, also bei jenen Typen der Zirrhose, welche mit einer Vergrößerung der Leber einhergehen, während das Bild der atrophischen Zirrhose ein scharf umrissenes und allgemein anerkanntes ist. Auch aus der erstgenannten Gruppe der hypertrophischen Zirrhosen können wir eine Form der Zirrhose herausgreifen, welche in ihrer Genese und in ihren klinischen Erscheinungsformen klar liegt; dies ist die Gallenstauungszirrhose. Wir verstehen darunter jene Zirrhose, welche sich im Anschlusse an länger dauernden Verschluß der großen Gallenwege entwickelt, welche Veränderungen wir auch experimentell durch Unterbindung des Ductus choledochus am Tiere hervorrufen können. Die Bezeichnung Gallenstauungszirrhose erscheint deshalb zweckmäßig, weil sie das dem Prozeß zugrunde liegende krankhafte Geschehen klar zum Ausdrucke bringt, und auch deshalb, weil andere für diesen Zustand gewählte Bezeichnungen, wie Icterus-Leber zu wenig bezeichnend sind und den Zustand nicht genügend klarstellen, zum Teile wie „biliäre Zirrhose" von den einzelnen Ärzten in sehr verschiedenartigem Sinne gebraucht worden sind, so daß gerade durch diese Nomenklatur die Verwirrung auf dem Gebiete der „hypertrophischen Zirrhose" nur noch vergrößert wurde.

Die Bezeichnung Gallenstauungszirrhose ist auch deshalb zweckmäßig, weil sie sich einem anderen Begriffe anschließt, den wir in der Klinik brauchen, dem der einfachen Gallenstauungsleber. Die Differenzierung zwischen Gallenstauungszirrhose und Gallenstauungsleber ist klinisch, namentlich vom Gesichtspunkte der Prognose aus nicht unwichtig. Wenn sich ein Hindernis in den großen Gallenwegen etabliert, so wird die erste Folge naturgemäß die Stauung der Galle in der Leber sein müssen, welche sich klinisch in einer Vergrößerung des Organes, in mäßiger Zunahme der Konsistenz, mitunter auch in einer Abstumpfung des Randes der Leber und in einer leichten diffusen Druckempfindlichkeit äußern wird. Mit anderen Worten, wir begegnen jener Symptomatologie, die uns von der „Blutstauungsleber", der Stauungsleber im landläufigen Sinne des Wortes, geläufig ist. Bei der Gallenstauungsleber handelt es sich um einen reparablen Zustand. Wird das Hindernis behoben, etwa durch spontanen Abgang oder operative Entfernung eines Steines, so wird zu erwarten sein — und wir sehen dies auch tatsächlich, — daß Größe, Konsistenz, Veränderung des Leberrandes wieder völlig zur Norm zurückkehren, daß die Empfindlichkeit des Organes schwindet, daß schließlich die Urobilinogenreaktion im Harne negativ bleibt oder negativ wird, wenn es sich um einen inkompletten Verschluß der Gallenwege gehandelt hat. Haben tiefergreifende indurative Veränderungen infolge der langen Dauer des Verschlusses Platz gegriffen, ist es also zur Entwicklung der Gallenstauungszirrhose gekommen, dann wird bezüglich des Zustandes der Leber die Prognose keineswegs so günstig zu stellen sein. Hat sich die cirrhotische Veränderung durch besondere Zunahme der Konsistenz des vergrößerten Organes, etwa durch Zuschärfung des Leberrandes bei Fehlen der diffusen Druckempfindlichkeit klinisch verraten, dann werden wir in der Regel mit irreparablen Veränderungen zu rechnen haben. Wenn auch nach lange dauerndem Gallengangsverschluß das Hindernis entfernt wird, sehen wir, daß die physikalisch nachweisbaren Veränderungen der Leber lange Zeit, oft dauernd bestehen bleiben, daß namentlich eine gesteigerte Urobilinogenausscheidung im Harne uns daran erinnert, daß der Zustand der Leber nicht zur Norm zurückgekehrt ist. Wenn die sekundären zirrhotischen Vorgänge so weit gediehen sind, können wir in solchen Fällen auch eine positive Galaktoseprobe nicht nur zur Zeit des Verschlusses, sondern selbst in der Rekonvaleszenz, ja auch dauernd nachweisen. Das sind jene Fälle, bei welchen, wenn das Hindernis nicht behoben werden kann, oder wenn wir bei unrichtiger Diagnose gar nicht an die Möglichkeit eines derartigen behebbaren Hindernisses denken, schließlich die Insuffizienz der Leber eintritt und der Patient im Coma hepaticum unter cholaemischen Erscheinungen zugrunde geht.

Die Diagnose der Gallenstauungszirrhose wird sich nach dem Gesagten abgesehen von dem lokalen Befunde vor allem auf die richtige Erkenntnis des Grundleidens (Stein, Tumor etc.), stützen müssen. Dementsprechend wird auch der Abdominalbefund ein verschiedenartiger sein. Milztumor, Aszites, Kollateralkreislauf, all dies wird eben von der Art des Hindernisses abhängen.

Grundbedingung für die Diagnose wird immer der Nachweis der mechanischen Genese des Icterus, die Entfärbung des Stuhles, eine reichliche Gallenfarbstoffausscheidung im Harn sein müssen.

Die Aldehydreaktion ist bei komplettem Verschlusse negativ, sonst in wechselndem Ausmaße nachweisbar.

Laennecsche Zirrhose.

Ist der Icterus, wenn auch an Intensität je nach der Art des Hindernisses wechselnd, so doch ein ausgeprägtes und konstantes Symptom der Gallenstauungszirrhose, so gehört die atrophische Laennecsche Zirrhose zu jenen Formen, bei welchen wir der Gelbsucht keine derartige Rolle im klinischen Bilde zusprechen können.

Selbst wenn wir das voll entwickelte Bild der atrophischen Zirrhose vor uns haben — Aszites und Milztumor, einen mächtig entwickelten peripheren Kollateralkreislauf, eine perkutorisch nachweisbare Verkleinerung der Leber —, werden wir in der großen Mehrzahl der Fälle kaum einen Icterus finden. Bei genauer Untersuchung wird vielleicht ein leicht subikterisches Kolorit der Schleimhaut des Gaumens und der Sublingualgegend oder der Konjunktiven auffallen. Von einem ausgeprägten Icterus ist aber in der Regel keine Rede und selbst die leicht ikterische Verfärbung ist meistens Spätsymptom. Liegt aber andererseits — und wir müssen mit dieser Möglichkeit in vereinzelten Fällen rechnen — eine ausgeprägte Gelbsucht vor, dann sind wir meistens in der Lage, diese durch Komplikationen besonderer Art zu erklären. Eine aufgesetzte Cholangitis oder eine Hepatitis acuta oder subacuta wird meistens für die Genese eines Icterus in Betracht kommen. Andererseits müssen wir uns auch daran erinnern, daß gelegentlich intrahepatale Verziehung und Kompression der Gallenwege durch das schrumpfende Bindegewebe in Betracht kommen und auf diese Weise zum Icterus führen können.

Das Gleiche — das Zurücktreten des Icterus im klinischen Bilde — gilt für jene Formen der Zirrhose, bei welchen, wie bei der atrophischen Form, Verhärtung des Organs bei unregelmäßiger, meistens kleinhöckeriger Oberfläche gefunden wird, bei welchen analog den atrophischen Formen auch ein Milztumor mäßigen Grades auftritt, Aszites jedoch fehlt und der Kollateralkreislauf nicht entwickelt oder gerade nur angedeutet ist. Formen, welche aber vor allem durch die Vergrößerung der Leber, meistens in beiden, gelegentlich auch nur in einem, überwiegend im rechten, aber auch im linken Leberlappen ausgezeichnet sind. Zustände, welche man als hypertrophische Vorstadien der atrophischen Zirrhose bezeichnet hat.

Tatsächlich sind wir weit davon entfernt, etwas Sicheres über einen derartigen Übergang vom hypertrophischen Stadium in das atrophische auszusagen. Es scheint sich vielmehr — wenn auch gelegentlich ein Endausgang in atrophische Umformung nicht ausgeschlossen erscheint —, doch um verschiedenartige Verlaufsformen der Erkrankung zu handeln, abhängig von dem Maße der Regeneration und vielleicht von anderen gegenwärtig nicht zu überblickenden Momenten. Die Zusammengehörigkeit dieser beiden Formen ergibt sich aus der klinischen Beobachtung, daß auch diese Zirrhose unter Umständen bei entsprechend langer Dauer zu Aszites führen kann, so daß wir schließlich ein allgemeines Bild vor uns haben, welches in ihren Folgeerscheinungen dem der klassischen atrophischen Zirrhose zu entsprechen scheint, während die lokale Untersuchung eben keine kleine, sondern eine oft ganz wesentliche Vergrößerung der Leber ergibt. Dies gilt auch für die selten zu beobachtenden unter Icterus verlaufenden Formen. Und schon daraus ergibt sich die Berechtigung einer Trennung von den noch unter den Hanotschen und cholangitischen Zirrhosen zu besprechenden Typen. Auch bei den oben geschilderten Formen ist der Icterus, wie gesagt, Spätsymptom und meistens nur angedeutet, auch hier — ebenso wie bei der atrophischer Form der Zirrhose — haben wir aber gelegentlich mit intensivem Icterus zu rechnen. Ebenso wie dort, wird dieser Icterus je nach seiner Genese mit Entfärbung des Stuhles und ohne Entfärbung einhergehen können.

Wir haben erwähnt, daß der Milztumor bei beiden Formen meistens nur ein mäßig großer ist, wir müssen ergänzend hinzufügen, daß sowohl bei der atrophischen Zirrhose, als auch bei den hypertrophischen Zirrhosen von dem hier in Rede stehenden Typus gelegentlich auffallend große Milzen gefunden werden. Wir haben nicht den Eindruck, als ob in dem Grade der Milzvergrößerung ein wesentliches Unterscheidungsmerkmal bestimmter Zirrhoseformen gegeben wäre. Es erscheint vorläufig nicht zweckmäßig, die Zirrhosen, die mit großer Milz einhergehen, als splenomegale Zirrhosen zusammenzufassen, da dadurch klinisch Zusammengehöriges auseinander gerissen wird.

Wir betrachten beide im vorstehenden geschilderten Typen, die atrophischen und hypertrophischen, höckerigen, meistens ohne Icterus verlaufenden Zirrhosen als zusammengehörig und bezeichnen sie zu Ehren des klassischen Darstellers der atrophischen Form als L a e n n e c s c h e Z i r r h o s e, welche Bezeichnung bei der Unsicherheit der in Betracht kommenden aetiologischen Momente, etwa der Bezeichnung „alkoholische Zirrhose“ als unpräjudizierlicher vorzuziehen ist.

Um nochmals die Beziehung des Icterus zur Laennecschen Zirrhose zu charakterisieren, sei der Satz wiederholt, daß bei der Laennec-Zirrhose der Icterus meistens fehlt, daß aber Subicterus als im Verlaufe der Krankheit sich einstellendes Spätsymptom häufig zu finden ist, während ausgesprochene Gelbsucht zu den Ausnahmsbefunden gehört.

In dieser Tatsache haben wir ein wichtiges differentialdiagnostisches Kriterium gegenüber anderen Erscheinungsformen, die wir zu den Zirrhosen im engeren Sinne des Wortes rechnen müssen, der Hanotschen Zirrhose und der cholangitischen oder pericholangitischen Zirrhose.

Die grobknotige Hyperplasie, die sich nach schwerer Parenchymschädigung entwickeln kann, wurde bereits an früherer Stelle (Seite 44) erwähnt.

Hanotsche Zirrhose.

Wir treten vom klinischen Standpunkte aus für die Beibehaltung des Begriffes „Hanotsche Zirrhose" ein, weil dieses Krankheitsbild vor allem von Hanot eingehend geschildert worden ist, wenn sich auch vor ihm bei einzelnen älteren Klinikern Hinweise auf diese Form der Zirrhose finden. Es scheint sich hier nach dem ganzen klinischen Verlaufe tatsächlich um einen einheitlichen, wenn auch nicht sehr häufigen Symptomenkomplex zu handeln. Da bei dem Versuche einer Gruppierung der Zirrhosen, wie wir ja schon früher gelegentlich der „alkoholischen Zirrhose" hervorgehoben haben, das aetiologische Moment keinen genügenden Anhaltspunkt gibt, bleibt vorläufig nichts anderes übrig, als auf diese Weise der Vielfältigkeit der Erscheinungen gerecht zu werden.

Die Gelbsucht stellt bei der Hanotschen Zirrhose ein konstantes und führendes, in die Augen springendes Symptom dar. Die Intensität des Icterus ist eine beträchtliche. Gallenfarbstoff ist im Harne reichlich nachzuweisen, ebenso finden wir eine ausgeprägte Urobilinogenurie. Die Stühle aber bleiben fast immer cholisch, gelegentlich kann zwar vorübergehend eine leichte Hypocholie der Faeces beobachtet werden. Die Leber zeigt ganz wesentliche Vergrößerung beider Lappen, die Konsistenz ist deutlich vermehrt, mitunter auffallend hart, die Oberfläche bleibt im wesentlichen glatt, der Rand ist eher scharf. So groß auch die Leber werden mag, ist es doch der Milztumor, welcher das abdominelle Bild beherrscht. Zur Hanotschen Zirrhose gehört eine ganz wesentliche Vergrößerung der Milz; es kann geradezu von einer Splenomegalie gesprochen werden. Der weitere Verlauf ist dadurch charakterisiert, daß es nicht zur Entwicklung von portalen Stauungszeichen kommt. Der Aszites fehlt, es entwickelt sich kein kollateraler Kreislauf. Wohl aber begegnen wir im späteren Verlaufe den Zeichen der hämorrhagischen Diathese.

Im Gegensatze zur Laennec-Zirrhose, welche eher als Krankheit der späteren Lebensperiode anzusprechen ist, setzen die Zeichen der Hanot'schen Zirrhose schon früher, nicht selten um das zwanzigste Lebensjahr ein. Der Verlauf ist ein außerordentlich protrahierter, oft nicht ganz gleichmäßiger; mitunter sind Remissionen und andererseits Schübe im Krankheitsverlaufe mit intensivem Icterus, gelegentlich mit Entfärbung des Stuhls, und diffusen Schmerzen in der Lebergegend und mit Temperatursteigerung zu finden. Ist der Verlauf ein ausgeprägt intermittierender und fieberhafter, dann ist es oft schwer, eine scharfe Grenze gegenüber den cholangitischen und pericholangitischen Zirrhosen zu ziehen, welche wir doch im allgemeinen von der Hanotschen Zirrhose abtrennen.

Cholangitische Zirrhose.

Eine solche Trennung erscheint deshalb berechtigt, weil wir es hier mit Zuständen zu tun haben, welche wenigstens insofern in ihrer Genese erfaßbar sind, als wir tatsächlich ihre Entwicklung im Anschlusse an Cholangitiden und Cholecystitiden beobachten können, weil hier in der Regel ein geschlossener Krankheitsverlauf wie bei der Hanotschen Zirrhose nicht zu verzeichnen ist und weil sich schließlich sowohl Milztumor als auch Lebervergrößerung in bestimmten Grenzen halten. Riesenleber und Riesenmilz gehören nicht zum Bilde dieser ja viel häufigeren Form der Zirrhose. Auch werden hier den ausgeprägten Cholangitiden charakteristische entsprechende Perioden teilweisen oder selbst vollständigen Gallengangverschlusses viel häufiger zu beobachten sein. Diesen Formen der Zirrhose sind wohl auch jene anzureihen, bei welchen wir in einem Icterus simplex in der Anamnese ein ätiologisch bedeutsames Moment erblicken. Von speziellen im Gefolge des chronischen Icterus auftretenden Symptomen sei, abgesehen von dem Hautjucken und der Bradykardie, hier noch auf die Entwicklung von Xanthelasmen hingewiesen, welche gerade bei den der Hanotschen Zirrhose nahestehenden Formen als symmetrische, tumorartige Xanthome (zum Beispiel im Gesichte, am Ellbogen, am Knie) zur Beobachtung gelangen können.

Bantische Krankheit.

Im Anschluß an die besprochenen Formen der Zirrhose müssen wir noch mit einem Worte der sogenannten Bantischen Krankheit gedenken, wenn auch der Icterus hier in der Regel keine dominierende Stellung einnimmt, einer gleichfalls viel diskutierten Affektion, welche anscheinend in unseren Gegenden selten zur Beobachtung gelangt. Es ist bezüglich des Verhaltens des Icterus ungefähr dasselbe wie bei der Laenneschen Zirrhose zu sagen. Eine frühzeitig sich entwickelnde sekundäre Anämie, welche beträchtliche Grade erreichen kann, ein ungewöhnlich großer Milztumor werden an diese Möglichkeit denken lassen.

Bezüglich der luetischen Lebercirrhose sei auf den später folgenden Abschnitt Lues der Leber verwiesen.

Wenn wir bisher von Zuständen gesprochen haben, welche als Zirrhose der Leber mehr oder weniger gut umschriebene Krankheitsbilder darstellen, können jetzt noch kurz andersartige indurative Zustände der Leber erwähnt werden, wobei die vorliegende Induration aber ein nur sekundäres Moment darstellt und ein einheitliches „zirrhotisches“ Krankheitsbild fehlt. Hieher gehören die sekundären Veränderungen bei Stauungsleber, zumeist von Subicterus gefolgt, die Pick'sche Pseudoleberzirrhose, wobei es sich in erster Linie um perihepatale Schwielenbildung handelt, bei der wir klinisch in der Regel Icterus und Subicterus vermissen, ein nicht unwesentliches differentialdiagnostisches Moment für die Trennung des trikuspidalen Stauungstypus vom Stauungstypus der Concretio und Accretio cordis.

Icterus bei parasitären Erkrankungen.

Indurative „zirrhotische“ Veränderungen im weitesten Sinne finden wir ferner bei parasitären Erkrankungen. Die Beobachtungen, welche in den letzten Jahren von Smital und Paul im Burgenlande gemacht wurden, zeigen, daß wir zu Unrecht in unserer Gegend den parasitären Erkrankungen relativ wenig Aufmerksamkeit schenken und die Möglichkeit eines Echinococcus, eines Distoma hepaticum nur als Rarität ins Kalkül ziehen.

In den Fällen des Burgenlandes handelte es sich um eine Infektion mit Distoma hepaticum (Leberegel). In einzelnen der mitgeteilten Fälle und auch in den sonst in der Literatur vorliegenden Beobachtungen gehen die an sich übrigens recht verschiedenartigen Veränderungen der Leber mit Icterus einher, welcher ein recht intensiver sein kann oder aber nur als

Subicterus in Erscheinung tritt. Die Veränderung der Leber selbst kann chronisch indurierender Natur sein, so daß sich der schließlich resultierende Zustand dem einer cholangitischen Zirrhose nähert. Dabei wird die Oberfläche der Leber aber mitunter als grobhöckerig verändert geschildert, mitunter kann eine besonders auffällige, oft auch ausschließliche Vergrößerung des linken Leberlappens vorliegen. Pfortaderstauung, Aszites und Milztumor gehören nicht zum Bilde. Ein Milztumor kann aber wohl in den Fällen vorhanden sein, in welchen es sich um schwere akute Formen der Distomiasis handelt, die klinisch unter den Erscheinungen der eitrigen Cholangitis und Cholecystitis, mitunter unter dem Bilde der multiplen Leberabszesse einhergehen. Die Untersuchung des Stuhles auf Wurmeier, die Veränderung der Leber, die oft ganz ausgeprägte Vermehrung der eosinophilen Zellen im Blute und die in verschiedenem Maße entwickelte Anämie werden im gegebenen Falle an die Diagnose Leberegelsucht denken lassen müssen. Die Anämie kann übrigens eine sehr ausgeprägte sein, es kann sich schließlich das klinische Bild der hämorrhagischen Diathese entwickeln, auch das Auftreten eines perniziösen Blutbildes wurde beobachtet. Einzelne Autoren erklären übrigens die sich einstellende Gelbsucht zum Teile aus dem oft beträchtlichen Zerfalle roter Blutkörperchen.

Auch beim Echinococcus der Leber kann es, wenn auch nicht regelmäßig, zu Icterus kommen. Auch hier müssen wir das Auftreten von Gelbsucht als wichtiges Symptom buchen, weil ja die Diagnose des Echinococcus der Leber — wenn wir zunächst von den isolierten Echinococcuszysten der Leber sprechen, dem Echinococcus granulosus (ohne) und hydatidosus (mit Tochterblasen in seinem Innern) —, soweit er nicht an der Oberfläche der Leber sitzt oder gegen diese herankommt, auf große Schwierigkeiten stößt und das physikalische Bild, abgesehen von der allgemeinen Vergrößerung des Organs, nichts charakteristisches bieten muß. Es wird von der Lage des Echinococcus zu den größeren Gallenwegen abhängen, ob Icterus zustande kommt oder nicht. Dementsprechend ist der Befund von Icterus bei diesen Formen des Echinococcus ein inkonstanter. Nur nebenbei sei eine Beobachtung erwähnt, bei welcher Icterus durch Abgang von Tochterblasen in den Darm und Verlegung des Ductus choledochus bedingt war. Häufiger ist Icterus bei den sogenannten multilokulären oder alveolären Echinokokken der Leber, wo wir es mit einer harten, grobhöckerigen Leber zu tun haben, welche bei der Palpation zunächst an Tumor oder grobknotige Zirrhose denken läßt. Milztumor und sonstige Zeichen portaler Stauung sind inkonstante Symptome und hängen von der Lage der Zyste zu den größeren intrahepatalen Pfortaderästen oder zur Pfortader selbst ab.

Erwähnt sei noch die Tatsache, daß eine Lokalisation des Echinococcus cysticus im rechten Leberlappen häufiger beobachtet wird und daß vor allem einseitige Vergrößerung der Leber in diesem Sinne an die Möglichkeit des Echinococcus cysticus wird denken lassen müssen. Die Diagnose wird sich, abgesehen von dem etwaigen an sich charakteristischen Nachweise eines großen zystischen, elastischen, vielleicht Fluktuation zeigenden Tumors, vor allem auf die Eosinophilie des Blutes und den Ausfall der spezifischen Reaktionen auf Echinococcus stützen. Wir werden das Blut wie zur Wassermannschen Reaktion in ein entsprechend eingerichtetes Laboratorium zwecks Anstellung der Komplementablenkung mit Echinococcenflüssigkeit oder entsprechenden Extrakten einsenden und das Resultat allerdings nur im positiven Sinne für die Diagnose verwerten; ein negativer Befund berechtigt uns nicht, die Diagnose Echinococcus auszuschließen. — Noch verläßlicher ist die Kutanreaktion, welche vom praktischen Arzte leicht ausgeführt werden kann. Wir brauchen hiezu nur frische Blasenflüssigkeit, welche von Schlachthäusern in der Regel leicht zu erhalten ist; davon injizieren wir 0·2 Kubikzentimeter intrakutan; eine im Laufe von 3 bis 12 Stunden auftretende lokale Rötung und Schwellung ist für die Diagnose Echinococcus verwertbar.

Es sei ferner an die Bedeutung der Anamnese erinnert, soweit diese über die Infektionsmöglichkeit durch Hunde berichtet, und an die Wichtigkeit der Untersuchung der in Betracht kommenden Hunde selbst. Einsendung des Stuhles der Hunde, allenfalls nach Verabreichung von Wurmmitteln, zwecks Feststellung der etwa vorliegenden Wurminfektion wird sich mitunter als wertvoll erweisen.

Bezüglich der — grob klinisch gesprochen — Verhärtungen der Leber, welche gelegentlich mit Icterus einhergehen können, sei an die beim Icterus simplex besprochene „grobknotige Zirrhose“ erinnert, ferner an die Tatsache, daß gelegentlich chronische Stauung plus Verfettung und auch Amyloidose in Betracht kommen können. Bezüglich der Diagnose der A m y l o i d o s e sei an die Wichtigkeit des gleichzeitig nachweisbaren harten Milztumors, der entsprechenden Erscheinungen seitens der Niere und an das Auftreten von Durchfällen als Zeichen der amyloidotischen Veränderungen im Bereiche des Darmes erinnert.

Besonderer Besprechung bedürfen die Beziehungen der Gelbsucht zu Tumoren der Leber sowie die Induration der Leber auf luetischer Basis.

Leberkrebs und Krebs der Gallenwege.

Der relativ seltene primäre Krebs der Leber, sei es, daß es sich um die isolierte großknotige Form oder um den diffus wachsenden Leberkrebs vom Typus der Cirrhosis carcinomatosa handelt, geht ebenso wie der metastatische Leberkrebs meistens ohne Gelbsucht einher. Selbst dort, wo die Leberoberfläche infolge der zahlreich angeordneten metastatischen Leberknoten als grobhöckerig zu tasten ist, finden wir häufig keine Gelbsucht oder nur leichten Subicterus. Auch hier wird es vollständig von den Lagebeziehungen der Krebsknoten zu den größeren Gallenwegen abhängen, ob Icterus zustande kommt und ob er höhere Grade erreicht. Vielleicht kann auch die Kachexie der Leber selbst hiebei eine Rolle spielen. Einmal aufgetretener Icterus bleibt begreiflicherweise in der Regel bestehen. Der Icterus zeigt den Typus des Verschlußicterus mit Entfärbung der Stühle und Gallenfarbstoffausscheidung im Harne. Die Aldehydreaktion wird auch, wie bereits früher erwähnt, bei isolierten Knoten in der Regel deutlich positiv befunden; die Galaktoseprobe dagegen wird, von den Fällen diffusen Wachstums des Leberkrebses abgesehen, meistens eine negative sein. Bezüglich des primären Leberkrebses sei auf die Bevorzugung des rechten Leberlappens hingewiesen.

Daß wir, sobald der Gedanke Lebermetastasen auftaucht, vor allem die in Betracht kommenden Organe auf einen etwaigen Primärtumor absuchen werden, ist selbstverständlich; vor allem sei mit Rücksicht auf die relative Häufigkeit von Lebermetastasen beim Rektum- und beim Uterus- sowie beim Ovarialkarzinom an die entscheidende Bedeutung der rektalen und vaginalen Untersuchung erinnert.

Das Gallenblasenkarzinom, diese Tatsache verdient besonders hervorgehoben zu werden, verläuft an sich, solange der Tumor auf die Gallenblase beschränkt bleibt, ohne Icterus. Es kann und wird aber im weiteren Verlauf zu Icterus kommen, sei es, daß der Tumor selbst direkt infiltrierend weiterwächst und zum Verschlusse der Gallenwege führt, oder daß er die Gallenwege von außen her komprimiert, oder daß schließlich intrahepatale Metastasen oder Metastasen ad portam hepatis zum Verschlußicterus führen.

Hinsichtlich der Diagnose des Gallenblasenkarzinoms möchte ich eine seinerzeit mitgeteilte Beobachtung anschließen, welche ich seither wiederholt bestätigt fand. Es handelt sich um einen Palpationsbefund, welcher nach den gegebenen anatomischen Grundlagen eigentlich eine Selbstverständlichkeit ist: eine auffallende, ungewöhnlich stark ausgeprägte Verhärtung der Randpartien der Leber in der Gallenblasengegend. Die Leber zeigt hier in einer Ausdehnung von mehreren Zentimetern bis zu Handtellerbreite eine auffallend derbe Konsistenz, welche nach dem Palpationseindruck die Härte metastatischer Karzinomknoten in der Leber zu übertreffen scheint. Der Rand der Leber bleibt scharf, die Oberfläche — und dies ist, glaube ich, besonders hervorzuheben — glatt, das Niveau unverändert. Nach oben und innen scheint die Resistenz mehr oder weniger halbkreisförmig begrenzt; meistens geht die derbe Konsistenz unmittelbar mit recht scharfer Grenze in die normale Konsistenz des Leberparenchyms über, mitunter ist eine derartige scharfe Begrenzung des Tumors nicht festzustellen, der Übergang ein allmählicher. Bisweilen kann unterhalb des derart veränderten Leberrandes die tumorartig veränderte Gallenblase mit den ihr zukommenden mehr oder wenig stark ausgeprägten charakteristischen Tastqualitäten als selbständige Resistenz nachgewiesen werden. In der Mehrzahl der Fälle war jedoch ein derartiger Tumor der Gallenblase nicht nachweisbar und die Diagnose mußte und konnte nur auf Grund des eigentümlichen Palpationsbefundes des Leberrandes gestellt werden.

Es sei aber nochmals ausdrücklich hervorgehoben, daß sich der hier geschilderte Befund wesentlich von jenem unterscheidet, den wir bei den metastatischen Knoten im Lebergewebe zu erheben gewohnt sind. Der Unterschied ist besonders dann auffällig, wenn wir neben der geschilderten diffus infiltrierten Partie eventuell in deren unmittelbarer Nachbarschaft metastatische Krebsknoten tasten können.

Bei der Diagnose Tumor der Leber spielt das Fehlen eines Milztumors eine gewisse Rolle. Im allgemeinen spricht ein Milztumor eher dagegen. Bei Tumoren der Gallenblase kann ein Milztumor besonders bei anamnestisch nachweisbarer chronischer Gallenblasenaffektion als Zeichen einer alten Cholelithiasis oder Cholecystitis verständlich sein. Ebenso können sekundär in der Tumorleber sich entwickelnde Entzündungsprozesse zur Entwicklung eines Milztumors führen. Nur in ganz seltenen, praktisch kaum in Betracht kommenden Fällen werden Metastasen in der Milz zur Vergrößerung des Organs führen können, häufiger wird vielleicht die Kompression der Milzvene durch retroperitoneale, metastatisch vergrößerte Drüsen oder durch direktes Hineinwachsen des Tumors zur Stauungsmilz und damit zur Vergrößerung des Organs führen können.

Namentlich bei der Abgrenzung der metastatisch veränderten Leber von der gummösen Hepatitis wird der Nachweis des chronischen Milztumors zugunsten der gummösen Hepatitis sprechen.

Leberlues.

Die Ursache des Auftretens von Icterus bei der gummösen Hepatitis und der schließlich resultierenden gelappten Leber, dem Hepar lobatum, kann eine verschiedene sein. Durch die interstitielle Bindegewebswucherung, auch durch ausgebreitete Schwielen an der Leberpforte kann es zu einer Behinderung des Gallenabflusses kommen. Vergrößerte Drüsen ad portam hepatis können in gleicher Weise zu Icterus führen. Vielleicht kann sich auch der luetische Prozeß direkt auf die Gallenwege und die Gallenblase fortpflanzen und zur Entwicklung einer spezifisch luetischen Cholangitis und Cholezystitis führen. Parenchymatöse, wohl toxische Schädigungen können Platz greifen, ganz abgesehen davon, daß irgend eine andere zu Icterus führende Erkrankung die Leberlues komplizieren kann.

Icterus ist bei der gummösen Hepatitis selten ein führendes, konstant anhaltendes Symptom; meistens handelt es sich um subikterische flüchtige Verfärbungen. Nur in einer geringen Anzahl von Fällen scheint sich der Icterus länger oder selbst dauernd zu behaupten; aber auch hier werden, abgesehen von massiven Einbettungen der Gallenwege, Schwankungen im Grade des Icterus zu erwarten und diagnostisch zu verwerten sein. Ohne auf die Symptomatologie dieser Krankheit im einzelnen einzugehen, sei nur an die Bedeutung der Perihepatitis für die Diagnose der Leberlues erinnert (Nachweis eines Reibegeräusches, Fehlen oder Einschränkung der respiratorischen Verschieblichkeit infolge perhepatitischer Verwachsungen), ebenso an das Auftreten von Schmerzen in der Lebergegend vom Typus der Gallenkoliken, welche bei bestehendem Icterus und unklarem palpatorischem Befund besondere diagnostische Schwierigkeiten bereiten können.

In Ergänzung der früheren Ausführungen, die Zirrhose der Leber betreffend, soll noch angefügt werden, daß klinisch auch an der Existenz einer luetischen Zirrhose festzuhalten ist, welche sich im allgemeinen an die Symptomatologie der Laenneeschen

Zirrhose mit großer oder geschrumpfter Leber anlehnt und gleichfalls gelegentlich unter Icterus verlaufen kann.

Der luetische Parenchymicterus entspricht in seinem Verlaufe durchaus dem Icterus simplex. Es sei auch an die eingangs erwähnten akut toxischen unter Subicterus verlaufenden Formen erinnert, so daß wir zusammenfassend sehen, wie außerordentlich mannigfaltig die Beziehungen zwischen Icterus und Lues tatsächlich sein können.

Bevor wir die Besprechung der mit groben Formveränderungen der Leber einhergehenden, mit Icterus verbundenen Krankheitszustände beschließen, sei noch kurz auf die Frage eingegangen, wie weit das in den letzten Jahren geübte Pneumoperitoneum — die Einblasung von Gas in die Bauchhöhle und folgende Röntgenuntersuchung — uns in der Differentialdiagnose fördert. Diese Methode gestattet uns gewiß dort, wo die Palpation nicht zum Ziele kommt, und vor allem dort, wo die palpierende Hand überhaupt nicht hingelangen kann, beispielsweise an der Unterfläche der Leber, sowie in den subdiaphragmalen Partien etwas über die Konfiguration der Leberoberfläche auszusagen. Sie kann uns gelegentlich bei der Differentialdiagnose Zirrhose, gummöse Hepatitis, Metastasen, Primärtumor, Echinococcus etc. unterstützen. Demgegenüber muß aber betont werden, daß der Eingriff nicht ohneweiters als leichter bezeichnet werden kann, daß wir namentlich dort, wo kein Aszites besteht, selbst bei entsprechender Übung und unter der Kontrolle des Röntgenschirms zufällige Verletzungen des Darmes nicht mit absoluter Sicherheit ausschließen können. In vielen Fällen ist es schwer, die Einwilligung des Patienten zu erzielen; in der Mehrzahl der Fälle wird die restlose Erschöpfung der anderen diagnostischen Methoden zum Ziele führen, soweit ein solches nach der Lage des Falles überhaupt zu erreichen ist. Es ist dies ein Eingriff, der selbst für den Röntgenologen in praxi kaum in Betracht kommt und selbst im klinischen Betriebe nur in Ausnahmsfällen zur Anwendung gelangen wird.

Hämolytischer Icterus.

Wenn wir uns bisher mit Zuständen beschäftigt haben, bei welchen ein auftretender Icterus durch einfache Stauung oder durch Schädigung der Leberzelle erklärt werden konnte, bei welchen zum mindesten eine dieser beiden Komponenten weitaus überwiegen, müssen noch einige Bemerkungen über jene Form der Gelbsucht folgen, welche wir als hämolytischen Icterus bezeichnen.

Es war schon zu Beginn unserer Darstellung wiederholt von Zuständen die Rede, bei welchen eine aus irgendwelchen Gründen einsetzende Hämolyse, eine Zerstörung der roten Blutkörperchen als Ursache der auftretenden Gelbfärbung des Patienten angesprochen werden mußte, von Fällen eines symptomatischen hämolytischen Icterus. Wir verwenden die Bezeichnung hämolytischer Icterus in zweifacher Form und dies muß festgehalten werden, um Irrtümern vorzubeugen. Einerseits wollen wir damit zum Ausdruck bringen, daß es eben im Verlaufe gewisser Erkrankungen sekundär zur Gelbsucht auf hämolytischer Basis gekommen ist, andererseits gibt es eine klinisch symptomatologisch wohl umschriebene, ferner auch durch ein familiäres Vorkommen charakterisierte angeborene Erkrankung, den Icterus haemolyticus im engeren Sinne des Wortes. Es ist nun keineswegs leicht, im Einzelfalle zu entscheiden, ob wir es mit einem sekundären oder mit einem „echten“ Icterus haemolyticus zu tun haben, wie ja in der differentialdiagnostischen Beschreibung dieses Krankheitsbildes noch näher gezeigt werden soll. Mit Rücksicht darauf, daß das Krankheitsbild vielfach verkannt wird, namentlich auch deshalb, weil in den letzten Jahren in therapeutischer Hinsicht neue Fragestellungen aufgetaucht sind, soll das Krankheitsbild etwas eingehender geschildert werden.

Zunächst eine Beobachtung: Ein 38jähriger, gut genährter, wohl aussehender Patient wird mit folgenden anamnestischen Angaben in die Klinik aufgenommen. Seit frühester Jugend bemerkte die Mutter des Patienten eine eben angedeutete Gelbfärbung der Skleren; diese ist gelegentlich etwas stärker ausgeprägt. Vorübergehend, namentlich im Anschluß an Tonsillaranginen, die Patient öfter durchzumachen hatte, fiel eine leichte universelle Gelbsucht auf. Gelegentlich traten unangenehme, fast schmerzhafte Empfindungen, ein Druckgefühl sowohl im rechten als auch im linken Hypochondrium auf. Der Patient ist als Landarbeiter tätig und im allgemeinen arbeitsfähig; gelegentlich kommt jedoch eine Periode von Wochen und selbst Monaten, in welchen er sich als eher müde und weniger leistungsfähig bezeichnet. Der Harn zeigt fast stets normale Farbe, gelegentlich soll er leicht rötlich gefärbt gewesen sein. Der Stuhl war stets normal gefärbt und er wird sogar vom Patienten als öfter abnorm dunkel geschildert. Eine auch nur teilweise Entfärbung des Stuhles wird vom Patienten in Abrede gestellt. Hautjucken bestand nie. Die objektive Untersuchung ergibt tatsächlich eine subikterische Verfärbung der Skleren und der Weichteile des Gaumens. Die Haut läßt keine sichere Gelbfärbung erkennen, wohl aber besteht ein eigentümlich graubraunes, wie schmutziges Kolorit bei gutem allgemeinem Ernährungszustande. Bei der Inspektion des Bauches fällt sofort eine Vorwölbung des linken Hypochondriums auf. Die genauere Untersuchung ergibt deutliche Vergrößerung der Milzdämpfung und auch palpatorisch ist die Milz leicht als wesentlich vergrößertes Organ nachweisbar, fast bis zur Nabelhöhe reichend. Die Leber ist eben vergrößert, dabei von glatter Oberfläche, normaler Konsistenz und normaler Randbildung. Die Untersuchung des Harnes zeigt Urobilinogen und Urobilin in reichlicher Menge. Der Stuhl ist abnorm dunkel gefärbt. — Die genauere Erhebung der Familienanamnese ergibt, daß eine Schwester des Patienten seit Jahren als blutarm gilt, daß ein Bruder sein ganzes Leben hindurch an wiederholten Anfällen von Nasenbluten zu leiden hat, ein Onkel des Patienten, den wir selbst zu untersuchen Gelegenheit hatten, zeigt deutlichen Milztumor und hochgradige Urobilinogenurie.

In dem hier kurz skizzierten Falle macht die Diagnose schon auf Grund der richtigen Einschätzung der Anamnese und des physikalischen Befundes keine Schwierigkeiten. Wohl aber können solche bestehen; ja, es kann unter Umständen ohne Zuhilfenahme der zum Teile komplizierten Laboratoriumsmethoden fast unmöglich sein, zur richtigen Diagnose zu gelangen. Auf diese soll später eingegangen werden; zunächst aber sollen jene Symptome besprochen werden, welche dem Arzte bei der Untersuchung des Kranken auffallen und den Verdacht eines Icterus haemolyticus wachrufen.

Was zunächst das uns hier ja in erster Linie interessierende Krankheitszeichen der Gelbsucht betrifft, so finden wir in dieser Hinsicht recht weitgehende Differenzen. Bisweilen kaum angedeutet, kann der Icterus vorübergehend oder auch dauernd oder wenigstens durch längere Perioden ein recht beträchtlicher sein; in vereinzelten Fällen aber kann er sogar dermaßen im Vordergrunde stehen, daß man beim ersten Anblicke den Eindruck einer hepatalen Affektion, etwa eines Icterus simplex haben kann. Meistens wird aber der geringgradige Icterus und die gleichzeitig bestehende Anämie, welche ihrerseits wieder in recht verschiedenem Maße ausgeprägt sein kann, dem Kranken ein eigenartiges, oft auch einen schmutzigbraunen Ton zeigendes Kolorit verleihen, welches bei einiger Erfahrung schon im ersten Augenblicke an einen hämolytischen Icterus denken lassen wird. Eine Vertiefung der Intensität des Icterus kann unter Verschlechterung des Allgemeinbefindens und begleitet von den noch zu schildernden Schmerzphänomenen nicht selten nach Aufregung, häufig auch unter Steigerung der Anämie und der die Anämie begleitenden Symptome einhergehen.

Eines ist aber allen diesen Fällen, wie intensiv der Icterus immer ausgeprägt sein mag, gemeinsam: Es kommt nicht zur Entfärbung des Stuhles, der Harn zeigt keinen Gallenfarbstoff, nur ganz ausnahmsweise eine in Spuren positive Reaktion, die Urobilinogenurie aber ist eine beträchliche. Die Untersuchung des Blutserums zeigt nur die „indirekte Reaktion“ (siehe Seite 36). Der Kranke klagt nie über Hautjucken, es fehlt auch die sonst bei ikterischen Zuständen häufige Neigung zur Bradykardie.

Aber schon in dieser Hinsicht können Schwierigkeiten auftauchen. Ich erinnere mich an Fälle, die sonst im allgemeinen den Eindruck eines Icterus haemolyticus machten, in deren Anamnese jedoch vorübergehend über Entfärbung des Stuhles und Braunfärbung des Harnes berichtet wird, an Fälle, bei welchen die Schilderung mit der Entfärbung des Stuhls gleichzeitig auftretender, kolikartiger Schmerzen oder die Beobachtung typischer Gallenkoliken sich zunächst nicht in das Bild des hämolytischen Icterus einzufügen schienen, und uns zunächst an der Diagnose irremachten. In solchen Fällen müssen wir uns daran erinnern, daß die Kombination von Cholelithiasis und Icterus haemolyticus keineswegs selten ist, wie pathologisch-anatomische Statistiken zeigen; wir sehen dann Zustandsbilder, welche eben teils den Zügen des Icterus haemolyticus, teils jenen der Gallensteinerkrankung entsprechen. Aber selbst dort, wo die Autopsie ein gleichzeitig bestandenes Steinleiden nicht erweisen kann, wird es, wie zahlreiche Fälle beweisen, zu Zustandsbildern kommen, welche wir von den echten Gallenkoliken symptomatisch kaum unterscheiden können, wenn es hier auch nicht zur Entfärbung des Stuhles kommt. Ob es sich da um erhöhte Einflußnahme seitens des vegetativen Nervensystems handelt, ob die farbstoffreiche dicke Galle an sich zu derartigen Koliken führen kann, mag dahingestellt bleiben. Klinisch ist es wichtig, der Tatsache zu gedenken, daß kolikartige Schmerzen in der Lebergegend selbst bei ausgeprägter Empfindlichkeit der Gallenblasengegend eine wohl bekannte Variante im Bilde des Icterus haemolyticus darstellen können.

Während die Leber in der Regel kaum sichere Veränderungen nachweisen läßt, ist der Nachweis eines Milztumors die Regel. Meistens haben wir es mit einer Milzvergrößerung beträchtlichen Grades zu tun, oft müssen wir geradezu von einer Splenomegalie sprechen. Gerade in jenen Fällen, in welchen wir — und dieser Differentialdiagnose stehen wir häufig gegenüber —, zwischen der Diagnose einer Anaemia perniciosa oder der eines Icterus haemolyticus schwanken, werden wir der Größe des Milztumors eine gewisse differentialdiagnostische Bedeutung zuerkennen. Die Milz erweist sich in der Regel als plumprandig und derb, ist meistens nicht druckempfindlich, jedoch kann eine auch erhebliche Druckempfindlichkeit auftreten, welche mitunter in einer auskultatorisch nachweisbaren Perisplenitis ihre Erklärung findet. Vom Standpunkte der praktischen Diagnosestellung muß auch auf spontan auftretende Schmerzen in der Milzgegend hingewiesen werden. Solche entsprechen keineswegs immer der Perisplenitis, sie können auch unabhängig von der Atmung und der Bewegung als recht intensive und selbst kolikartige Schmerzen in Erscheinung treten und es ist gerade auf die ja sonst in der abdominellen Diagnostik nicht gerade häufige Kombination von gleichzeitig oder intermittierend im rechten und linken Hypochondrium auftretenden Schmerzen Wert zu legen. Fälle von Gelbsucht mit derartigen Beschwerden werden immer auf Icterus haemolyticus suspekt sein. Ob diese Milzschmerzen dann durch Kapselspannung und Hyperämie zu erklären sind, ob vielleicht die Gefäße der Milz als solche zur Erklärung herangezogen werden müssen, mag dahingestellt bleiben.

In schweren Fällen wird das Bild durch die Zeichen der hämorrhagischen Diathese, Blutungen verschiedensten Ursprunges erweitert werden, bisweilen werden wir durch den Stauungsversuch (Anlegen einer Stauungsbinde am Oberarme durch etwa zwei Minuten nach Verschwinden des Radialpulses) in dem Auftreten von Petechien in der Armbeuge den Nachweis einer hämorrhagischen Diathese führen können.

Die besondere Bedeutung der genau zu erhebenden Familienanamnese und der Untersuchung der Familienmitglieder braucht nach dem oben Gesagten nicht hervorgehoben zu werden, und gerade hier wird ja der praktische Arzt oft häufiger und leichter als der Kliniker Gelegenheit haben, seine Diagnose zu stützen.

Die Tatsache, daß wir bei sonst „gesunden“ Fällen schon im Nachweise eines Milztumors oder eines subikterischen Kolorits, eine Stütze der Diagnose erblicken, beweist, daß wir mit der Möglichkeit eines durchaus latenten Verlaufes des Icterus haemolyticus rechnen müssen, mit Fällen, bei welchen dieser Zustand eben nur mehr als Konstitutionsanomalie und nicht mehr als Krankheit bezeichnet zu werden verdient.

Derartig latent verlaufende Fälle haben aber nun von einem anderen Gesichtspunkte aus ein ganz besonderes klinisches Interesse. Viele Kliniker trennen von den besprochenen Formen des angeborenen familiären Icterus haemolyticus einen besonderen Typus den erworbenen Icterus haemolyticus ab. Wir haben schon oben erwähnt, daß wir bei sicheren Fällen von familiärem Icterus haemolyticus häufig im Anschlusse an Noxen verschiedenster Art wesentliche Verschlechterung des Allgemeinzustandes, wesentliche Vertiefung des Icterus feststellen können. Es ist klar, daß es unter diesen Umständen nicht ganz leicht sein wird, zu sagen, ob wir es bei einem Kranken, bei welchem sich der Symptomenkomplex des hämolytischen Icterus relativ akut oder langsam, aber doch erst im höheren Lebensalter und anscheinend zu ganz bestimmten Zeiten entwickelt hat, mit einem wirklich neu erworbenen Krankheitszustand zu tun haben oder ob es sich um die Manifestation eines bisher völlig latent gebliebenen Icterus haemolyticus congenitalis handelt. Die Unterschiede symptomatologischer Natur, welche von einzelnen Autoren bei erworbenem Icterus haemolyticus einerseits, und bei den angeborenen Formen andererseits beschrieben wurden, konnten einer genauen Nachprüfung nicht standhalten, so daß wir heute auf dem Standpunkte stehen, daß eine scharfe Trennung dieser beiden Zustände nicht möglich ist und daß wir, von den Fällen eines rein symptomatischen Icterus haemolyticus abgesehen, nur einen Krankheitszustand voll anerkennen können: den angeborenen, familiären Icterus haemolyticus. Wie weit die im Anschlusse an eine Lues oder an eine Tuberkulose oder etwa in der Gravidität sich entwickelnden Formen von Icterus haemolyticus der einen oder der anderen Gruppe zuzurechnen sind, das muß im einzelnen Falle entschieden werden.

Im ganzen darf zusammenfassend gesagt werden, daß in allen einigermaßen typischen Fällen auch die rein klinische Diagnose dem praktischen Arzte bei entsprechender Würdigung der Einzelsymptome nicht schwer fallen wird. Immerhin wird die Blutuntersuchung, wenn einmal der Gedanke Icterus haemolyticus aufgetaucht ist, notwendig sein und den Schlußstein zur Diagnose legen. Die Durchführung der hier in Betracht kommenden Methoden ist schwierig und muß unbedingt wohl eingearbeiteten Laboratorien überlassen bleiben (Resistenzprüfung).

Therapie.

Wenn ich nunmehr auf die Behandlung der mit Icterus einhergehenden Erkrankungen eingehe, so scheiden im allgemeinen die eingangs geschilderten Affektionen aus, bei welchen der Icterus nur als sekundäres, ja häufig vorübergehendes und kaum im Vordergrund stehendes Symptom auftritt. Es ist ja klar, daß die ikterische Verfärbung im Verlaufe einer Pneumonie, einer Trikuspidalinsuffizienz etc. keine Indikation für unser therapeutisches Handeln abgeben wird, daß hier und in allen in diese Gruppe gehörenden Zuständen die Therapie des „Icterus" mit der Therapie des Grundleidens zusammenfallen muß. Das gleiche muß auch für jene Fälle gesagt werden, bei welchen ein extrahepataler, abdomineller Prozeß, etwa ein Tumor ad portam hepatis vorliegt oder extrahepatale Erkrankungen anderer Art den Icterus bedingen. Hier soll nur von der Therapie jener Zustände die Rede sein, bei welchen der Icterus als unmittelbares Krankheitszeichen zu werten ist.

Bevor wir auf die einzelnen, hier in Betracht kommenden Zustände vom therapeutischen Gesichtspunkte aus eingehen, soll die Behandlung eines oft im Vordergrunde der Beschwerden des Kranken stehenden Symptomes herausgegriffen werden: das Hautjucken. Wir wissen, daß der Pruritus bei ikterischen Zuständen jeder Art, vor allem beim Choledochusverschluß auftreten kann, nicht immer abhängig vom Grade der Gelbsucht, oft sogar in einem gewissen Gegensatz zu diesem. Gelegentlich kann Hautjucken auch schon mehrere Tage vor dem Auftreten des Icterus beobachtet werden. Das Bild des von Kratzeffekten bedeckten, unruhigen, seiner Nachtruhe beraubten Kranken ist ja allgemein bekannt. Es ist kein Zweifel, daß die oft rapide Gewichtsabnahme bei an sich gutartigen, mit Gelbsucht einhergehenden Erkrankungen der Leber und der Gallenwege nicht zuletzt auch auf diese Komponente zurückzuführen ist, so daß es gewiß berechtigt erscheint, etwas ausführlicher zu besprechen, was wir therapeutisch in solchen Fällen versuchen können, und tatsächlich muß hier von Versuchen die Rede sein, da wir nicht selten alle uns zur Verfügung stehenden therapeutischen Maßnahmen heranziehen müssen, bevor wir zu einem Ziele gelangen und weil in der Ansprechbarkeit der Kranken in dieser Richtung weitgehende individuelle Verschiedenheiten zu bestehen scheinen.

Von extern anzuwendenden Mitteln kommen Einreibungen, Einpudern, Abwaschungen, Bäder und Einpackungen in Betracht.

In einzelnen leichteren Fällen genügt das Einpudern mit Vasenol, Zink- oder Salizylpuder (Zinci oxydati, Talci pulv. $\widetilde{aa}$ 25·0; oder Acid. salicyl. 3·0, Amyl. 10·0, Talc. pulv. ad 100·0) etwa mit Anästhesin, ferner Menthol-Zinkpulver (Mentholi, Zinc. oxyd. $\widetilde{aa}$ 5·0, Amyli, Talci pulv. $\widetilde{aa}$ 30·0), daneben Talcum ohne

Zusatz in dicker Schicht eingestreut, weiters Diachylon- oder Lenicetstreupulver. Nicht unzweckmäßig ist es, nach Auftragung des Streupulvers den Kranken in ein Leintuch einzuschlagen, wobei jedoch mit Rücksicht auf die Steigerung des Juckreizes in der Wärme ein ausgiebigeres Zudecken zu vermeiden ist.

Kommen wir auf diesem einfachen Wege nicht zum Ziele, so versuchen wir einfache kalte Abwaschungen und nachfolgendes Einpudern oder Abreiben. In Betracht kommen Franzbranntwein, Essigwasser (ein Eßlöffel Essig auf einen Liter Wasser), Abreiben mit Zitronenscheiben mit nachherigem Einfetten der Haut mit Vaselin, Abreiben mit Speck, ferner 1—2%igem Salizyl- oder Mentholspiritus, ebenso 0·5—1%igem Thymolspiritus. Ichthyollösungen werden gleichfalls empfohlen (Ammon. sulfoichthyol. 10·0, Spirit. vin., Äther sulfur. $\widetilde{aa}$ 45·0). In den letzten Jahren verwendeten wir an der Klinik vielfach mit relativ gutem Erfolge einen einprozentigen Epicarinspiritus (Epicarini 1·0, Glycerin. 10·0, Spr. vin. 90·0). Auch Eintupfen mit Calmitol (fünf bis zehn Prozent) wird empfohlen. Ebenso Abwaschungen mit dreiprozentigem Wasserstoffsuperoxyd.

Von Salben und Pasten seien genannt die Schleich-Hautcreme, Vilja-Creme, eine zehnprozentige Anästhesinsalbe (Anästhesin 10·0, Vaselin, Lanolin, $\widetilde{aa}$ 50·0) oder eine Bromocollsalbe in analoger Verschreibung, ferner Mentholpräparate (Mentholi 2·0, Olei oliv. 5·0, Lanolini 50·0).

Von Badeprozeduren kommen zunächst, falls keine Kontraindikationen bestehen, das einfache Halbbad in Betracht, kalte Packungen, daneben laue Dauerbäder mit Zusatz von Kleie (ein Beutel Kleie im Badewasser auszupressen), Bolus alba (500 Gramm in einem Bade), Soda (100 bis 120 Gramm auf ein Bad); auch Kalium permanganatum bis zu schwachrosa Färbung des Badewassers ist von vielen Seiten empfohlen worden.

Von den intern oder parenteral in Betracht kommenden Medikamenten wären zu erwähnen Calomel (dreimal täglich 0·03 bis 0·05 durch mehrere Tage), wiederholte kleine Dosen von Phenacetin, Antipyrin oder Pyramidon. Sedativa oder Antineuralgica in den verschiedensten Kombinationen bei schwächster Dosierung führen mitunter auch zum Ziele. Von einzelnen Autoren werden kleine Mengen Atropin (0·0005 bis 0·001) oder Pilokarpin (0·01 bis 0·02) intern oder subkutan empfohlen. In schweren Fällen werden Hypnotin, Luminal, Veronal, Chloralhydrat, unter Umständen selbst Morphium nicht zu vermeiden sein.

Nicht an letzter Stelle muß auch bei Besprechung der Therapie des Hautjuckens die Insulinbehandlung mit oder ohne Traubenzuckerzufuhr genannt werden und andererseits auf ein altbewährtes Verfahren hingewiesen werden, welches oft zu ausgezeichneten Erfolgen führt: die Applikation kühler Einläufe vor dem Schlafengehen. Man läßt ungefähr einen Liter oder mehr kaltes Wasser (15 bis 20° C) nach vorhergegangenem Reinigungsklysma rasch einlaufen. Nebenbei bemerkt scheint, abgesehen von der günstigen Wirkung auf den Juckreiz, gelegentlich auch der Gallenabfluß in den Darm angeregt und der Krankheitsprozeß günstig beeinflußt zu werden.

Anhangsweise darf noch betont werden, daß bei der Bekämpfung des Hautjuckens auch die psychische Komponente nicht außer acht gelassen werden darf, daß unter Umständen durch rein suggestive Behandlung manches zu leisten ist; so erinnere ich mich eines Patienten, bei welchem Galvanisation des Stammes mit einer kleinen Elektrode einen verblüffenden Erfolg zeigte. Auch Zwei- und Vierzellenbäder werden unter Umständen von diesem Gesichtspunkte aus zu versuchen sein.

Wenden wir uns nunmehr der Besprechung der Therapie der einzelnen Erkrankungen der Leber und der Gallenwege zu. Es soll zunächst die Behandlung des parenchymatösen Icterus in allen seinen Spielarten und Steigerungen bis zur akuten gelben Leberatrophie und zum Coma hepaticum behandelt werden. Hier wird vor allem dem Gesichtspunkte der Schonung der Leber zwar Rechnung getragen werden müssen, daneben aber auch der Bewahrung und Herstellung des entsprechenden Glykogengehaltes der Leberzellen, welcher, ganz abgesehen von der Bedeutung dieser Frage für den Gesamtorganismus, anscheinend auch für die normale Funktion der Leberzellen selbst von entscheidendem Einflusse ist; außerdem wird, so weit es möglich ist, das Bestreben gerechtfertigt sein, die Gallensekretion zu fördern, und schließlich auch für den richtigen Abfluß der Galle Sorge zu tragen, um auf diese Weise einer weiteren, durch die Gallenstauung bedingten Schädigung des Parenchyms vorzubeugen. Es ist klar, daß die gleichen Gesichtspunkte mit stärkerer Beteiligung des einen oder des anderen auch bei Erkrankungen der Gallenwege in Betracht kommen werden, so daß vieles in dieser Richtung schon hier vorweggenommen werden kann.

Wollen wir die Leberzelle, das heißt ihre entgiftende Funktion schonen, so müssen wir trachten, die Zelle möglichst von den schädigenden Abbauprodukten der Verdauung zu entlasten, ganz abgesehen von den schädlichen Wirkungen, welche diese selbst im Organismus entfalten werden, wenn sie nicht vorher durch die

Leber unschädlich gemacht werden. Wenn wir auch über die Natur dieser Stoffe und über den ganzen Hergang nicht genau unterrichtet sind, so ist doch andererseits kein Zweifel, daß wir diese speziell in den Abbauprodukten der Eiweißkörper, sei es auf Grund fermentativer oder bakterieller Tätigkeit zu suchen haben. Es ist dies auch noch in anderer Weise von Bedeutung, da ja bei Einstellung der Funktion der Leberzelle auch Zwischenprodukte des Stoffwechsels in den Organismus gelangen, und damit wieder der Leberzelle im Circulus vitiosus größere Leistungen auferlegt werden.

Wir brauchen hier nur an die weitgehenden Folgen der Fleischnahrung bei mit Eckscher Fistel (Verbindung der Vena portae und der Vena cava inferior mit Ausschaltung der Leber) operierten Tiere zu erinnern, um, ganz abgesehen von den praktischen Erfahrungen am Menschen, zu dem Schlusse zu gelangen, daß die Eiweißnahrung zu beschränken sein wird. Namentlich wird in akuten Fällen, also etwa in den ersten Tagen der Erkrankung an Icterus simplex, eine ganz wesentliche Einschränkung, ja vielleicht sogar eine völlige Ausschaltung der Eiweißnahrung geboten sein. Das gleiche wird für jene Fälle gelten, wo im Verlaufe der Erkrankung eine Verschlechterung eintritt, wo man den Eindruck gewinnt, daß sich tiefergreifende Schädigungen des Parenchyms vorbereiten, wo etwa gar das Auftreten einer akuten gelben Leberatrophie zu fürchten ist. Im subakuten Stadium eines Icterus simplex oder bei chronisch retardierten Verlaufsformen — das gleiche gilt auch für die chronisch indurative Erkrankung der Leber mit Beteiligung des Parenchyms — wird ein etwas weniger strenges Regime hinsichtlich der Eiweißnahrung gestattet sein.

Da auch der Verarbeitung der Fette, wie noch weiter unten ausgeführt werden soll, wesentliche Hindernisse im Wege liegen, ist es also klar, daß auf alle Fälle die Kohlehydrate in der Ernährung des ikterisch-leberkranken Patienten die führende Rolle übernehmen müssen.

Bezüglich der Flüssigkeitszufuhr wird im allgemeinen eine reichliche Tagesmenge von etwa eineinhalb bis zwei Litern empfohlen. Alkohol, scharfe, gewürzte, übermäßig gesalzene, eingesäuerte, marinierte Speisen, Konserven jeder Art sind nach Möglichkeit vollständig zu streichen.

Praktisch gesprochen werden wir am ersten, vielleicht auch noch am zweiten Tage bei akutem Einsetzen des Icterus in etwa zwei- bis dreistündigen Intervallen Flüssigkeit bei einer Gesamtmenge von etwa zwei Litern täglich zuführen, in Form von stark gezuckertem Tee oder schwach alkalischen Mineralwässern. Schon am zweiten oder dritten Tage gehen wir zu einer inhaltsreicheren Nahrung über, wobei wir aber doch noch einige Tage hindurch an einer flüssig-breiigen Kostform festhalten. Die Kost soll hiebei nicht eintönig sein. Reine Milch- oder Milchspeisenkost ist nicht empfehlenswert. Wir bevorzugen eine nach Möglichkeit gemischte, zunächst, wie gesagt, fleischfreie, fettarme und kohlehydratreiche Kost, Mehlsuppen oder Suppen mit Zusatz von Haferflocken, Grieß, Mehlen, Reis, Leguminosen. Ebenso Breie der gleichen Zusammensetzung, Kartoffelpüree (ohne Fett), Zwieback, Kakes, geröstete Semmelschnitten. Von Kohlehydraten kommen ferner in Betracht Mondamin, Hygiama, Arrowroot und Maizena, leichte Mehlspeisen, Auflaufe, Omeletten, zu welchen ein bis zwei Eier im Laufe des Tages verwendet werden können. Es empfehlen sich ferner nicht gewürzte Aspik- und Geleespeisen. Gemüsepüree (Spinat, Karotten) sind gestattet, ebenso Kompotte, soweit die gröberen Pflanzenbestandteile entfernt werden, also in erster Linie Breie (Apfelmus) und James.

Von Getränken kommen neben Wasser und Tee vor allem auch Kakao in Betracht. Zucker in Form des Rohrzuckers, Traubenzuckers und Milchzuckers ist freigegeben, eine Zufuhr von Zucker ist ja sogar nach dem oben Gesagten in größeren Mengen erwünscht.

In schwereren Fällen werden wir uns bezüglich der Verabreichung von Eiern und Milch mit Rücksicht auf den Eiweißgehalt und Fettgehalt dieser Nahrungsmittel besondere Zurückhaltung auferlegen.

Bei glattem Verlaufe können wir nach etwa einer Woche leicht verdauliche Fleischdiät (Huhn, Taube, mageres Kalbfleisch, mageren Fisch), vor allem Gekochtes oder Eingemachtes dem Speisezettel des Kranken einfügen, ebenso Fleischsuppen. Es erscheint dies vielleicht um so begründeter, als ja dem Fleisch anscheinend im Gegensatze zu den Kohlehydraten und anscheinend auch zu den Fetten eine gewisse Wirkung auf die Gallensekretion zuzukommen scheint.

Bezüglich der Fette wurde schon gesagt, daß wir sie zunächst vermeiden; bei längerer Dauer der ikterischen Erkrankungen können wir aber etwas Fett zugeben, wobei jedoch auf die Qualität des Fettes ganz besonders Rücksicht zu nehmen ist. Es ist ja kein Zweifel, daß beim Icterus wesentliche Störungen der Fettverdauung vorliegen. Die Emulsion und die Resorption der Fette ist wesentlich gestört; so besteht die Gefahr sekundär dyspeptischer Zustände im Gefolge der Anhäufung von Fettsäuren im Bereiche des Darmes. Anscheinend erleidet ja auch die Funktion der Bauchspeicheldrüse durch den Wegfall der Galle eine empfindliche Einbuße und doch zeigt die klinische Erfahrung, daß die Verträglichkeit der Fette bei ikterischen Kranken eine individuell außerordentlich verschiedene ist. Wir sehen nicht selten, daß selbst bei schwerstem chronischem Icterus Fette in Form von Milch und Butter in ganz erheblichen Mengen vertragen und, was für den Gesamtzustand naturgemäß wesentlich ins Gewicht fällt, auch wenigstens teilweise verwertet werden, so daß eine allgemeine Regel hinsichtlich der Menge der Fette, wenigstens bei chronisch ikterischen Kranken kaum aufzustellen ist und wir uns hier von äußeren Eindrücken, den Angaben des Patienten und von den Ergebnissen der Untersuchung des Stuhles, falls eine solche durchführbar ist, leiten lassen müssen.

Neben der Auswahl der Speisen spielt vor allem auch deren entsprechende küchentechnische Verarbeitung und die Verteilung der dargebotenen Mengen über den Tag eine entscheidende Rolle. In der Regel sind wiederholte kleine Mahlzeiten, mindestens fünf, im Verlaufe des Tages zu empfehlen und ferner ist dem Patienten gründliches Kauen anzuraten.

Den diätetischen Maßnahmen können wir zum Teil noch die Besprechung der Zufuhr von T r a u b e n z u c k e r mit oder ohne I n s u l i n anreihen. Schon ältere Versuche gingen von dem Gedanken aus, durch Traubenzuckerzufuhr eine Glykogenanreicherung in der Leberzelle zu erzielen, Versuche, die nicht zum Erfolge führten. Erst durch die Verwendung gleichzeitiger Insulingaben konnte dieser Gedanke der erhöhten Glykogenfixation zur Durchführung gebracht werden. In allen Fällen von schwerem parenchymatösen Icterus, beim luetischen Icterus, in jenen Fällen, in welchen die Leberschädigung auf Vergiftungen verschiedener Art zurückzuführen ist und vor allem bei der subakuten und akuten gelben Leberatrophie, ja selbst im entwickelten Koma hepaticum ist die Insulin-Traubenzuckertherapie zu versuchen, sie erweist sich häufig als nützlich. Es sind Fälle bekannt, in welchen selbst schwere parenchymatöse Prozesse vom Typus der Leberatrophie zum Stillstande gekommen sind oder mindestens eine Besserung aufwiesen. Wir geben je nach der Lage des Falles zweimal zehn bis dreimal zwanzig Insulineinheiten, denen nach einviertel- bis einhalbstündiger Pause die Einnahme von zehn bis fünfzig Gramm Traubenzucker (per os) folgt; der Zucker kann unter Umständen durch kohlehydratreiche Speisen ersetzt werden. In schweren Fällen (Koma) ist eine intravenöse Applikation des Traubenzuckers (100 bis 200 Kubikzentimeter einer 20%igen Lösung) in Kombination mit 20 bis 30 Insulineinheiten (subkutan oder intravenös) angezeigt. Einzelne Autoren empfehlen selbst einen halben bis einen Liter einer 20- bis 40%igen Traubenzuckerlösung und 30 bis 50 Einheiten Insulin intravenös zu injizieren.

Die Frage einer eventuell spezifischen antiluetischen Behandlung in Fällen von akuter gelber Leberatrophie auf luetischer Basis soll im Zusammenhang mit der Therapie der luetischen Leberaffektion überhaupt besprochen werden.

In Fällen schwerer Leberinsuffizienz wird neben der Traubenzucker-Insulintherapie der Aderlaß eine gewisse Rolle spielen. Wir werden zweckmäßig öfters intravenöse Zuckerinfusionen vornehmen (300 bis 500 Kubikzentimeter einer 6 bis 10%igen Traubenzuckerlösung oder einer 40%igen Lösung in Mengen von 10 bis 20 Kubikzentimetern). Daneben kommen Tropfklysmen (Normosal oder Traubenzucker in 6%iger Lösung) und intravenöse Verabreichung größerer Mengen Normosals (eine Ampulle der Salzmischung [10 g] auf ein Liter steriles Wasser) in Betracht. Natürlich muß auch dem Herz-Gefäßapparat volle Aufmerksamkeit geschenkt werden.

Der Gedanke, durch Milzexstirpation die Regenerationsfähigkeit der Leberzellen anzuregen, hat wohl noch keine praktische Bedeutung.

Schließlich muß noch angefügt werden, daß in Fällen von schwerer protrahierter parenchymatöser Schädigung der Leber und vielleicht auch bei akutem Einsetzen einer solchen Schädigung an die Durchführung eines chirurgischen Eingriffes zu denken ist. Von der in solchen Fällen in Betracht kommenden Choledochusdrainage können wir da vielleicht wirklich eine Entlastung der Leber und damit einer Erholungsmöglichkeit des Organs erwarten und es wird dieser Eingriff unter Umständen in Erwägung zu ziehen sein.

Die bei der Behandlung des parenchymatösen Icterus in Betracht kommenden Medikamente — und gerade hier hat ja die pharmazeutische Industrie eine verwirrende Fülle von Präparaten auf den Markt geworfen — können wir nach zwei Gesichtspunkten sondern: solche, welchen wir eine Einwirkung auf die Sekretion zuschreiben dürfen (Choleretica), und solche, welche durch Einwirkung auf den neuromuskulären Apparat (Gallenblase, Sphincter) Einfluß auf den Gallenabfluß haben (Cholagoga).

Auf Grund persönlicher Erfahrung und gestützt auf die Anschauungen der meisten Kliniker muß wohl gesagt werden, daß die Vertreter der ersten Gruppe (Choleretica) in der Behandlung des Parenchymicterus keine wesentliche Rolle spielen, ja zum Teile vielleicht nicht unschädlich sind; letzteres wird vor allem von erfahrenster Seite von den Atophanpräparaten behauptet. Das vielfach verwendete Podophyllin und das (Podophyllin enthaltende) Cholagen lassen eine Beeinflussung der Gallensekretion klinisch nicht erkennen. In prolongierten Fällen werden am ehesten noch die Gallen- und Gallensäurepräparate zur Anwendung gelangen. In Betracht kommen folgende Verordnungen:

Rp. Fellis depurati
Pulv. rad. Rhei āā 10.0
Succ. et pulv. Liqu. q. s.
M f. l. a. pil. No. C
D S. 3mal täglich 5 Pillen

Rp. Natr. choleinici 5.0
Pulv. et extr. Rhei q. s.
M. f. l. a. pil. No. L
D. S. 3mal täglich 1—2 Pillen.

Gelegentlich hatten wir den Eindruck einer Wirkung bei Verschreibung des Decholins bei intramuskulärer Applikation (eine 20%ige Lösung von dehydrocholsaurem Natrium in Apullen zu 10 Kubikzentimetern). Auch Decholintabletten à 0·25 können zwei- bis dreimal täglich gegeben werden.

Eine etwas größere Rolle spielen die genannten Präparate in Fällen von Erkrankung der Gallenwege, soweit nicht ein weitgehender Verschluß vorliegt.

Anders steht es mit der zweiten Gruppe von Medikamenten und mit sonstigen therapeutischen Maßnahmen, welche wir als Cholagoga bezeichnen. Hier möchte ich, abgesehen von den in diesem Rahmen noch zu besprechenden Karlsbader Kuren, vor allem für die *duodenale Behandlung* schwerer Formen des parenchymatösen Icterus eintreten, auch deshalb, weil im allgemeinen die Schwierigkeit dieser Methode seitens des praktischen Arztes überschätzt wird und es sich tatsächlich um eine Methode handelt, welche im Hause des Kranken leicht durchgeführt werden kann. Es ist dies eine Methode, welche die Aufmerksamkeit des Praktikers verdient, um so mehr, als die duodenale Behandlungsmethode auch in anderer Hinsicht — ich erinnere an ihre großen Vorteile bei Bandwurmkuren, an die duodenale Ernährung u. a. — von Bedeutung ist. Abgesehen vom Parenchymicterus findet die Duodenalbehandlung, wie gleich vorweggenommen werden soll, auch bei Erkrankungen der Gallenwege, bei der Cholangitis, Cholecystitis und Cholelithiasis, unter Umständen auch bei mit höhergradigem Icterus einhergehenden

Fällen von Zirrhose ihre Indikation. Es muß gewiß zugegeben werden, daß wir mit der Duodenalsondierung nicht über eine Methode verfügen, welche in jedem Falle zum Ziele führen muß. Abgesehen von den Ausnahmsfällen, in welchen die Untersuchung an dem Widerstande des Patienten scheitert, gelingt es uns tatsächlich gelegentlich nicht, in das Duodenum zu gelangen. Selbst nach stundenlangem Liegen der Sonde überzeugen wir uns durch Prüfung des abtropfenden oder aspirierten Inhaltes, daß sich das Congopapier bläut, daß wir uns also noch im Magen befinden, ganz abgesehen von den Schwierigkeiten der Regurgitation des Duodenalinhaltes, Achylie des Magens, die eine richtige Lage des Sondenkopfes vortäuschen können. Im letzteren Falle wird aber selbst dann, wenn die Sonde nicht den Pylorus passiert hat, mit dem raschen Eindringen der eingespritzten Lösung zu rechnen und auf einen Erfolg zu hoffen sein. Wir verwenden in der Regel die 20%ige körperwarme Lösung von Magnesium sulfuricum (20 bis 40 Kubikzentimeter) und führen diese Duodenalspülung zwei- bis dreimal wöchentlich, unter Umständen auch täglich durch. An Stelle der Magnesiumlösung kann auch Karlsbader Wasser oder Karlsbader Salzlösung verwendet werden, ebenso 5%ige Lösung von Wittepepton. In manchen Fällen können auch derartige duodenale Öleinläufe versucht werden.

Es sei aber nochmals darauf hingewiesen, daß alle diese Prozeduren im akuten Stadium des Icterus simplex, namentlich so lange gastrische oder gastrisch-katarrhalische Erscheinungen vorherrschen, nicht angezeigt sind und daß wir erst später etwa nach zwei bis drei Wochen hiezu greifen.

Dies gilt auch für die Karlsbader Kur. Die experimentellen Ergebnisse, welche nach den bisherigen Erfahrungen gerade in der Frage der Einwirkung bestimmter Stoffe auf die Gallensekretion und die Gallenbeförderung vorliegen und sicher nicht ohneweiters auf den Menschen übertragen werden können, haben bezüglich der Art der Wirkung des Karlsbader Wassers und des Karlsbader Salzes zu keinem sicheren Resultate geführt. Klinisch scheint die cholagoge Wirkung zu überwiegen.

Klinisch kann an dem Effekte einer Karlsbader Kur im Verlaufe eines parenchymatösen Icterus und auch bei Erkrankungen der Gallenwege und Gallenblase nicht gezweifelt werden. Eine sichere Entscheidung, ob das natürliche Karlsbader Wasser wirksamer ist als eine Lösung des Sprudelsalzes oder die Verwendung des künstlichen Karlsbader Salzes (Sal Carol. fact.) ist schwer zu fällen; die Mehrzahl der Ärzte ist wohl der Ansicht, daß der Gebrauch des natürlichen Karlsbader Wassers in loco in manchen Fällen doch vorzuziehen ist. Wenn man sich auch darüber klar sein muß, daß neben dem rein psychischen Einflusse der systematischen Kurbehandlung die Veränderung des Milieus, die sachgemäße Kontrolle der Diät etc. eine große Rolle spielen, liegen doch gerade aus den letzten Jahren Beobachtungen vor, welche zu zeigen scheinen, daß die natürlichen Mineralwässer, an der Quelle untersucht, biologische Eigenschaften zeigen, welche wir an dem Versandmaterial oder den künstlich zusammengestellten Lösungen vermissen. Andererseits darf man aber vom rein praktischen Gesichtspunkte aus den Unterschied nicht so hoch bewerten, um Patienten etwa unter großen materiellen Opfern auf alle Fälle die Kur in Karlsbad zu empfehlen und es wird in der Regel die im Hause durchgeführte Karlsbader Kur in irgend einer Form ihren wohltätigen Einfluß nicht vermissen lassen.

Beim Icterus simplex gehen wir in der Regel so vor, daß wir dem Patienten raten, morgens bei nüchternem Magen (nach vorheriger Mundreinigung) am ersten Tage einen, am zweiten zwei und schließlich eventuell sogar drei Becher (zu 200 Gramm) körperwarmes Karlsbader Wasser in Intervallen von etwa 25 Minuten schluckweise zu nehmen. Verwenden wir das Karlsbader Salz, dann geben wir einen Kaffee- bis einen Eßlöffel auf ein Viertelliter bis ein halbes Liter warmen Wassers. In der Regel setzen wir die Karlsbader Kur zwei bis drei Wochen nach Aussetzen des Icterus fort und lassen uns hiebei hinsichtlich des Aussetzens der Kur von der Urobilinogenreaktion im Harne, gegebenenfalls auch von der Bilirubinprobe im Serum leiten. Gerade mit Rücksicht auf das im diagnostischen Teil Gesagte unter Hinweis auf die vorliegenden Möglichkeiten, daß sich auf dem Boden eines abgelaufenen oder auch nur scheinbar abgelaufenen Icterus simplex doch vielleicht zirrhotische Veränderungen entwickeln können, erscheint eine solche Vorsicht doppelt am Platze.

Cholagoga im engeren Sinne des Wortes spielen in der Therapie des Icterus simplex keine große Rolle. Das empfohlene Oleum Menthae piperitae hat bei Nachuntersuchung an unserer Klinik jede Wirkung vermissen lassen.

Galledesinfizierende Maßnahmen kommen bei der Behandlung des Icterus simplex kaum in Betracht.

Abgesehen von den besprochenen diätetischen und medikamentösen Maßnahmen ist zu Beginn eines Icterus simplex oder bei Verschlechterung des Zustandes im Verlaufe des Icterus, sowie bei schwerer Parenchymschädigung jeder Art Bettruhe zu empfehlen; ebenso wirkt anscheinend lokale Wärmeapplikation günstig, in der Form feuchtwarmer Umschläge oder als feuchte Kompresse mit darauf gelegtem Thermophor. (Bei Verwendung eines elektrischen Thermophors ist eine gute Isolierung durch Billrothbatist nötig!) Wir empfehlen diese Thermophorbehandlung zweimal täglich durch ein bis zwei Stunden nach den Mahlzeiten, unter Umständen aber auch dauernd tagsüber durchzuführen.

Die Behandlung der Leberzirrhosen kommt in diesem Rahmen nur so weit in Betracht, als der Icterus eine Rolle im Symptomenbild spielt. Wo dies der Fall ist, werden wir in dieser Richtung dem bei der Erörterung der Therapie des Icterus simplex Gesagten nichts hinzuzufügen haben. Die Behandlung der „Gelbsucht“ wird sich eben je nach der im Vordergrunde stehenden Beteiligung des Parenchyms oder der Gallenwege mehr an die Therapie des parenchymatösen Icterus oder mehr an die der entzündlichen Erkrankungen der Gallenwege anschließen. Die Behandlung schwerer Insuffizienzerscheinungen wird sich im wesentlichen mit den therapeutischen Versuchen decken, die uns bei der Behandlung der subakuten und akuten gelben Leberatrophie zur Verfügung stehen. (Insulin.)

Ich möchte nun im Rahmen der Behandlung der unter höhergradigem Icterus verlaufenden Zirrhosen auch hier die Bedeutung der duodenalen Behandlungsmethoden besonders unterstreichen. Bezüglich der bei ikterischen Zirrhosen vorgeschlagenen Milzexstirpation gilt wohl vorläufig noch das oben Gesagte.

Eine Ausnahmsstellung nehmen die luetischen indurativen Prozesse ein. Hier wird selbstverständlich auch bei bestehendem Icterus die spezifische Therapie eingeleitet werden müssen. Das gleiche gilt, um dies hier nachzutragen, von den luetischen Parenchymschädigungen der Leber; bei diesen kommen in erster Linie Schmierkuren und Injektionskuren mit Quecksilberpräparaten verschiedener Art (Enesol, Modenol, Hydragyrum succinimidatum) und Bismutpräparaten in Betracht. Eine Salvarsanbehandlung wird in der Regel erst beim Abklingen der hepatalen Erscheinungen zu empfehlen sein. Bezüglich der Therapie luetischer Affektionen ist vor allem mit Rücksicht auf die in den Kreisen praktischer Ärzte in den letzten Jahren sich entwickelnde Scheu vor „Jodschäden“ auf die Bedeutung großer Joddosen zu verweisen. Daneben kommt eine vorsichtige intravenöse Neosalvarsanbehandlung in kleinen Dosen in Betracht (0·075 allmählich in mehrtägigen Intervallen bis zu 0·3 ansteigend bis zu einer Gesamtmenge von 2·0 bis 3·0; ebenso auch das intramuskulär anwendbare Myosalvarsan in denselben Dosen).

Die als Salvarsan-Icterus gedeuteten Fälle erfahren die gleiche Behandlung wie Fälle von Icterus simplex. Erst nach Abklingen des Icterus ist die spezifische Behandlung, in diesen Fällen natürlich ohne Salvarsan, durchzuführen, soweit Lues noch nachgewiesen werden kann. Bezüglich des sogenannten Salvarsanspäticterus ist ja die Diskussion nicht geschlossen; handelt es sich, wie es wohl wahrscheinlich ist, um hepatale Spätschädigung, so ergeben sich dieselben Indikationen wie beim luetischen parenchymatösen Icterus.

Etwas eingehender müssen vom therapeutischen Standpunkte aus die mit Icterus verlaufenden Erkrankungen der Gallenwege behandelt werden, dann wohl die oben besprochenen, dem Begriffe der Entzündung ja keineswegs immer entsprechenden Erkrankungen der Gallenwege, namentlich der feineren intrahepatalen Verzweigungen der Gallenwege mit Einbegreifen der diagnostisch und therapeutisch nicht immer zu trennenden Cholelithiasis.

Wir wollen mit der Cholelithiasis beginnen.

Wenn wir uns die Frage vorlegen, wie weit wir prophylaktisch der Bildung von Steinen entgegenwirken können, etwa bei den Menschen, welche durch häufiges Auftreten des Gallensteinleidens oder Steinleidens überhaupt in ihrer Familie bis zu einem gewissen Grade zur Steinbildung disponiert zu sein scheinen, so müssen wir gestehen, daß wir in dieser Richtung wenig Verläßliches sagen können, vor allem deshalb, weil wir uns über das Wesen der Gallensteinbildung vorläufig kein abschließendes Urteil bilden können. Weder die Cholestearindiathese noch das Moment der Stauungsleber oder der Infektion sind in ihrer Bedeutung allgemein anerkannt. Überall finden wir noch in unserer Beobachtung und auch in den Ergebnissen experimenteller Untersuchung nicht zu überbrückende Widersprüche. Das gleiche gilt dementsprechend auch für Kranke, welche schon tatsächlich Steinkoliken hatten, bei denen Steine abgegangen sind oder wo wir uns auf Grund der Röntgenuntersuchung über die Existenz einer oder mehrerer Steine im klaren sind, welche jedoch ruhig in der Gallenblase „schlafen“, ohne dem Patienten irgendwelche Beschwerden zu bereiten. Auch hier wäre es gewiß wünschenswert, denjenigen Momenten entgegenzuarbeiten, welche möglicherweise zu weiterer Steinbildung Anlaß geben können. Auch hier bewegen wir uns ziemlich im Dunklen. Immerhin werden wir vom prophylaktischen Standpunkte für die Praxis doch einige allgemeine

Gesichtspunkte empfehlen, um den einzelnen erwogenen Möglichkeiten Rechnung zu tragen.

Wir werden nach Möglichkeit trachten, eine Stauung der Galle zu vermeiden. In dieser Hinsicht wird die Ernährung des Patienten von Bedeutung sein: Häufige kleine Mahlzeiten bei gutem Kauen, gemischte, abwechslungsreiche Kost bei mäßiger Beschränkung des Fleisches und der Fette, letzteres mit Rücksicht auf vorliegende Angaben, daß in Ländern, in welchen Kohlehydrate die überwiegende Grundlage der Ernährung bilden, reine Cholestearinsteine relativ selten zur Beobachtung gelangen. Von dem gleichen Gesichtspunkte aus wird es gewiß zweckmäßig sein, wenn die Zahl der Eier, namentlich der Eidotter beschränkt wird, wenn Hirn, Wild, Seefische nicht zum regelmäßigen Speisezettel des Patienten gehören; gegen gelegentliche Zufuhr auch der letztgenannten Nahrungsmittel wird aber gewiß kaum etwas einzuwenden sein, vorausgesetzt, daß sie von entsprechender Qualität sind und erfahrungsgemäß von dem Kranken gut vertragen werden.

Unter Umständen ist, um den Gallenfluß rege zu erhalten, auch eine Nahrungsaufnahme im Laufe der Nacht, etwa in Form eines Glases Milch und einer Buttersemmel oder ähnlichem empfohlen worden.

Scharfe, gewürzte Speisen, übermäßige Fettzufuhr, namentlich Verwendung von Fett nicht ganz einwandfreier Art, konzentrierte alkoholische Getränke, scharfe Saucen, Konserven werden kaum zweckmäßig erscheinen, nicht so sehr vom Standpunkte der Steinbildung aus, als mit Rücksicht auf eine mögliche Reizung und Katarrhbildung im Gastrointestinaltrakte, welche ihrerseits wieder zu aufsteigender Infektion in die Gallenwege Anlaß geben können.

Die Flüssigkeitszufuhr soll eine beträchtliche sein. In der Regel wird, abgesehen von den mit den Speisen aufgenommenen Flüssigkeitsmengen, die Zufuhr von einem Liter Wasser, Tee oder leichten alkalischen Trinkwässern pro Tag empfohlen.

Die Regelung der Verdauung wird gewiß mit Rücksicht auf ihren Einfluß auf den Gallenfluß von Bedeutung sein, am besten, soweit dies gelingt, mit Hilfe rein diätetischer Maßnahmen.

Lokale Stauung, besonders das feste Einschnüren durch Korsette und Rockbänder, scheint tatsächlich eine gewisse Rolle zu spielen und ist zu verbieten. Ausgiebige körperliche Bewegung, Turnen, leichter Sport, wird in den hier in Rede stehenden Fällen im günstigen Sinne einwirken; dabei ist jedoch sorgfältige ärztliche Kontrolle unbedingt erforderlich.

Wenn wir die neuen Arbeiten, die ausschlaggebende Bedeutung des Nervensystems betreffend, in Erwägung ziehen, müssen wir daraus folgern, daß auch das psychische Verhalten des Patienten entsprechend zu berücksichtigen ist und daß schon aus diesem Grunde, so weit wir wirklich Prophylaxe treiben wollen, auch wenn keine Krankheitserscheinungen vorliegen, ein alljährlicher Aufenthalt in einem entsprechenden Kurorte oder wenigstens ein mehrwöchentliches, im Hause des Patienten durchgeführtes kurmäßiges Regime angezeigt sein wird.

Liegt ein klinisch in Erscheinung tretendes Steinleiden vor, so müssen wir — und das Gleiche gilt ja auch für die chronischen und rezidivierenden entsprechenden Zustände an der Gallenblase und den Gallenwegen — zwischen den akuten Stadien, also den Anfällen, und der Behandlung in anfallsfreien Zeiten unterscheiden.

Im Anfalle kann das oberste Gebot nur dahin lauten, in einem stürmischen erregten Gallenwege Ruhe herzustellen. Alle anderen Gesichtspunkte müssen zunächst zurücktreten. Wir erreichen dies bei schweren Anfällen durch Morphium, welches wir, ohne die Dosen zu verzetteln, gleich in der Menge von 0·02, am besten mit Atropinzusatz (0·001) subkutan geben. Sollte dies — was wohl nur ausnahmsweise vorkommt — nicht genügen, so können wir nach einer halben Stunde weitere kleine Dosen (diese aber ohne Atropin) nachschicken. Wir legen wieder einen möglichst heißen Thermophor mit einer feuchten Kompresse auf oder Fangoschlamm, heiße Kataplasmen von Leinsamen oder Kartoffelbrei (in den Kurorten Moorumschläge und dgl.). In seltenen Fällen machen wir allerdings die Erfahrung, daß kalte Umschläge und selbst ein Eisbeutel von dem Patienten besser vertragen werden. Bei Anfällen, die sich in kurzen Intervallen wiederholen, ist nur bei einem schweren Charakter der Anfälle eine öftere Wiederholung der großen Morphiumdosen empfehlenswert; es könnte immerhin eine Morphingewöhnung angebahnt werden. Deshalb werden wir trachten, vielleicht mit Stuhlzäpfchen von Atropin (0·0005 bis 0·001 pro dosi), Belladonna (Extr. Bellad. 0·02 bis 0·03 pro dosi), Papaverin (0·06 bis 0·08) auszukommen. Sehr gute Wirkung erzielt man bei Koliken bisweilen mit Pyramidonsuppositorien (0·3 bis 0·5 pro dosi), die man statt des Morphiums oder abwechselnd damit anwenden kann. (Rp. Morph. mur. 0·01 bis 0·025, Extr. Ballad. 0·02 bis 0·03, But. Cacao q. s. ut fiat Suppos. D. t. d. No. VI. D. S. Gallenkolikzäpfchen. Oder Rp. Pyramidon 0·5, Papaverini mur. 0·06, Extr. Bellad. 0·02, But. Cacao q. s. ut fiat Suppos. D. t.

d. No. VI. u. dgl. m.). Ferner empfiehlt sich im Anfalle die Verordnung heißer Getränke (russischer Tee, Kamillentee, Baldriantee, heiße Milch), manchmal auch warme Darmeinläufe und selbst ein warmes Vollbad. Daß unter besonderen Umständen Exzitantien und Cardiaca indiziert sein können, braucht nicht besonders betont zu werden.

Die vorgeschlagene paravertebrale Anaesthesie wird in der Praxis vorläufig wohl kaum zur Verwendung gelangen. Wenn wir sie durchführen wollen, werden fünf bis zehn Kubikzentimeter einer zweiprozentigen Novokainlösung rechts von der Spitze des neunten Dornfortsatzes injiziert. Andere empfehlen fünf bis sechs Zentimeter seitlich von der Mittellinie zwischen Rippenköpfchen und Rippenwinkel einzugehen und am unteren Rande der Rippe noch einige Millimeter weiter in die Tiefe zu dringen (acht bis zehn Kubikzentimeter einer halbprozentigen Novokain-Suprarenin-Lösung). Im allgemeinen wird für den schweren akuten Anfall die Morphiuminjektion schon mit Rücksicht auf die Einfachheit der Durchführung und die Raschheit der Wirkung am empfehlenswertesten bleiben müssen.

Die diätetischen Vorschriften (eiweißarme, kohlehydratreiche, verteilte Schonungskost) für die dem Anfalle folgenden Tage decken sich im allgemeinen mit dem oben gelegentlich der Besprechung des Parenchymicterus Gesagten, und dies gilt auch, um es vorwegzunehmen, für die diätetische Behandlung der chronischen Cholelithiasis, wobei wir allerdings bezüglich der Beschränkung von Fleisch und Fett nicht sehr weit gehen. Mäßiger Genuß gut verdaulichen und entsprechend zubereiteten Fleisches ist sogar zu befürworten. Das Gleiche gilt für die Fette, wobei den schon oben erwähnten individuellen Unterschieden weitgehend Rechnung getragen werden kann. Unbedingt zu meiden, weil leicht krampfauslösend, sind alle groben Speisen (grobes Selchfleisch, Salami, Hartkäse und dgl.); ebenso blähende und scharf gewürzte Speisen. Strenge zu verbieten sind auch kalte Getränke (gekühltes Bier, Sekt, Eiskaffee, Fruchteis und dgl.) Von Vorteil ist dagegen das häufige Trinken von warmem Tee.

Im subakuten Stadium ist durch ein bis zwei Wochen nach dem Anfalle eine systematische Atropin- oder Papaverinverordnung am Platze; Atropin im Durchschnitte bis zu 0·001 täglich, unter Umständen auch bis zu zwei bis drei Milligramm täglich in Pillen, Papaverin in Dosen von dreimal 0·04 bis 0·06 täglich als Pulver oder anscheinend besser als Suppositorium. Daneben kommen Eumydrin (dreimal täglich 0·001 bis 0·002) und Methylatropinum bromatum in gleicher Dosierung, sowie Belladonnapräparate in Betracht. Häufig führen Kombinationen besser zum Ziele, namentlich hat sich die folgende Verschreibung bewährt:

Rp. Atropin. sulf. 0·00025
Papaver. hydrochlor. 0·04
Sacch. alb. 0·2
D. t. d. No. XXX.
D. S. Dreimal täglich ein Pulver nach den Mahlzeiten.

Nach Abklingen der akuten und subakuten Erscheinungen kommen die im engeren Sinne des Wortes gegen die Cholelithiasis gerichteten therapeutischen Maßnahmen in Betracht. Die Anordnung des Diätregimes wurde schon erwähnt. Im Vordergrund steht die Karlsbader Kur, welche wir in etwas strengerer Form durchführen lassen. Das Karlsbader Wasser oder die Lösung des Salzes werden möglichst heiß (40 bis 50° C) in Mengen von täglich vier bis sechs Gläsern zu je 200 Gramm verordnet. Ganz zweckmäßig ist folgende Einteilung: zwei Gläser auf nüchternen Magen, ein bis zwei Becher eine Stunde vor dem Mittagessen und die restlichen ein bis zwei Becher vier Stunden nach dem Mittagessen. Unmittelbar nach dem (schluckweisen) Trinken des Karlsbader Wassers bleibe man 30 bis 40 Minuten liegen und gebe während dieser Zeit den Thermophor auf die Lebergegend. Sonst wird eine leichte körperliche Bewegung in den Pausen zwischen den einzelnen genommenen Gläsern zu empfehlen sein, ohne wirklich als absolutes Erfordernis zu gelten. Auch hier werden die Eigentümlichkeiten des speziellen Falles und die im Verlaufe der Kur gemachten Beobachtungen zu berücksichtigen sein. Die Kontrolle der Stuhlentleerung ist wesentlich; im allgemeinen scheinen ein bis zwei dünne, breiige Stühle das Optimum darzustellen. Wir setzen dieses Regime durch vier bis sechs Wochen fort. Auch bei voller Beschwerdelosigkeit ist zwei- bis dreimal im Laufe des Jahres die Absolvierung einer derartigen Kur zu empfehlen.

Unsere weitere Behandlung muß sich wieder den schon früher erwähnten Gesichtpunkten anpassen, der Behandlung mit choleretischen und cholagogen Medikamenten. Mittel oder Maßnahmen, welche zur Auflösung der Steine führen oder diese wenigstens anregen, kennen wir nicht.

Die beim Parenchymicterus besprochene Duodenalbehandlung wird sich auch hier empfehlen. Wir haben diesbezüglich nichts Spezielles hinzuzufügen. Unter Umständen kann diese mit Rücksicht auf eine Reihe allerdings nicht ganz unbestrittener Erfahrungen der letzten Jahre gelegentlich mit ein- oder mehrmaligen subkutanen Hypophysin- oder Pituitringaben (ein Kubikzentimeter) in ein- bis mehrtägigen Intervallen kombiniert werden. Diesen Präparaten ist eine tonuserhöhende und peristaltikanregende Wirkung auf die Gallenblase zugeschrieben worden.

So wie wir mit der Duodenalsonde Olivenöl und konzentrierte Magnesiumsulfatlösung einfließen lassen, wird auch die Verabreichung dieser beiden Mittel per os empfohlen werden können. Das Öl namentlich im Rahmen geschlossener Ölkuren, nicht zuletzt auch deshalb, weil ja gerade diese Kuren so populär geworden sind, daß es kaum einen durch lange Jahre an Cholelithiasis leidenden Kranken gibt, der nicht das eine oder andere Mal eine derartige Ölkur oft anscheinend nicht ohne Erfolg durchgeführt hat. Lehnt nun der Arzt eine solche Ölkur entschieden ab, so endet der Kranke in einem gewissen Prozentsatz der Fälle beim Kurpfuscher. Das Gleiche gilt auch für die Scheu mancher Ärzte, die gleichfalls so populären Gallentees zu verordnen. Auch hier muß gesagt werden, daß es immer noch zweckmäßiger ist, wenn derartige Kuren unter ärztlicher Leitung als ganz kontrollos vorgenommen werden. Wenn auch gewiß die cholagoge Wirkung der Ölkuren und die choleretische Wirkung der Gallentees in ihrer verschiedenen Zusammensetzung fraglich erscheint, steht doch das Urteil vieler Patienten, welche schließlich in dieser Frage das letzte Wort haben, unserer mangelnden Einsicht gegenüber. Mit Rücksicht auf die ja schon wiederholt betonte Bedeutung rein psychischer Momente halte ich es keineswegs für notwendig und klug, in allen Fällen mit überlegener Miene den Patienten den Abgang von Ölsteinen als irrelevant hinzustellen. Es ist sicher oft ärztlicher gehandelt, wenn wir den Kranken in seinem Glauben belassen, falls wir den Eindruck haben, daß er hiedurch Besserung erlangt.

Wenn wir eine derartige Ölkur durchführen wollen, gehen wir in folgender Weise vor:

Rp. Olei Oliv. 200·0
Spir. Vini Cognac 20·0
Mentholi 0·2
Vitell. ovorum duorum
M. D. S. Innerhalb einer Stunde in zwei Portionen auszutrinken.

Das Zurückbleiben unangenehmen Ölgeschmacks kann durch nachträgliches Einnehmen von Tinctura Aurantii oder Zitronensaft, Schokolade und ähnlichem leicht korrigiert werden. Wir setzen eine derartige Kur durch acht bis vierzehn Tage fort. — Nach den ursprünglichen Angaben werden täglich 200 bis 250 Kubikzentimeter Olivenöl mit dem Magenschlauch eingeführt, eine Methode, die im allgemeinen kaum zu empfehlen sein wird. —

Mitunter erweist es sich als zweckmäßig, durch zirka eine Woche in zwei- bis dreistündigen Intervallen je einen Eßlöffel Öl zu geben, in anderen Fällen verordnen wir zwei Eßlöffel Öl am Abend, einige Stunden nach der letzten Mahlzeit.

Der Versuch, durch Anregung der Gallensekrektion und durch Steigerung des Sekretionsdruckes Steine zu mobilisieren, gelingt nicht, so daß wir vorläufig für die Verordnung hiehergehörender Medikamente keine Indikation erblicken können. Aus den früher erwähnten Gründen sollen aber trotzdem einige Angaben über die Zusammensetzung von Gallentees Platz finden.

Rp. Herbae Millefolii
Herbae violae tricoloris
Herbae cardui benedicti
Herbae centauris
Corticis frangulae
Foliorum sennae
Florum Chamomillae
aa 15.0
M. f. species.
D. S. Gallentee. — Einmal täglich eine Schale Tee von einem Kaffeelöffel bereitet.

oder Rp. Fol. Menth. pip.
Fol. Menth. crisp.
aa 100.0
Rad. Ononid.
Rad. Gentianae aa 25.0
Cort. Frangul. 15.0
M. f. species.
D. S. Gallentee. — Fünf gehäufte Eßlöffel täglich auf fünf Teetassen.

Von sonstigen Maßnahmen ist, wie ja schon oben bei der Besprechung der Prophylaxe erwähnt, bei dem Fehlen jeglicher Beschwerden im Intervalle mäßige körperliche Bewegung empfehlenswert. Die von einzelnen Autoren empfohlene Massage, namentlich die Massage der Gallenblase ist dringend zu widerraten. Die immer wieder zitierte Erfahrung, daß gelegentlich nach ausgiebiger Palpation der Gallenblase zu Untersuchungszwecken Steine abgegangen sind, kann keine genügende Indikation geben, ebenso wenig wie wir einem Kranken empfehlen werden, auf schlechten Wegen eine holperige Straße zu fahren, weil auch auf diese Weise gelegentlich einmal über einen Steinabgang in der Literatur berichtet wird.

Liegen Erscheinungen vor, welche neben oder unabhängig von einem Steinleiden für entzündliche Veränderungen der Gallenblase sprechen, so fällt das Gebot der Ruhe und Schonung mit noch größerem Gewichte in die Wagschale.

Im allgemeinen werden sich unsere therapeutischen Gedankengänge mit dem für die Cholelithiasis geltenden decken. Immerhin wird noch die Forderung an uns herantreten, etwas direkt gegen die Entzündung, gegen die Infektion zu unternehmen.

Daß eine spezifische Therapie nicht in Betracht kommt, ist wohl klar, wenn wir uns daran erinnern, daß wir ja in der Mehrzahl der Fälle die vorliegenden, ätiologisch wirksamen Erreger nicht kennen. Auch dort, wo die Ätiologie erwiesen erscheint, etwa bei den serologisch und bakteriologisch sichergestellten typhösen oder paratyphösen Cholangitiden mit oder ohne Steinbildung müssen wir eingestehen, daß uns spezifisch wirksame Behandlungsmethoden nicht zur Verfügung stehen. Unter den uns zu Gebote stehenden Medikamenten verdient vielleicht schon aus historischen Gründen die Salizylsäure an erster Stelle Erwähnung, um so mehr als ja den Salizylpräparaten auch gallentreibende Wirkung zugesprochen worden ist. Wir verordnen daher in der ersten Woche bis zu täglich 4·0 Natrium salicylicum, Empfehlenswert ist ferner die Kombination von Natrium salicylicum und Natrium benzoicum:

Rp. Natr. salicyl. 4·0
Natr. benzoic. 2·0
D. in d. aequ. No. XII.
D. S.: Drei- bis viermal täglich ein Pulver.

Daneben zweimal wöchentlich Ol. Haarlemense (0·1) in Gelatinekapseln.

Bei Fehlen jeder Parenchymschädigung der Leber kommen ferner die Atophanpräparate (Atoph. 0·5, Natr. salicyl. 0·5, Novokain. 0·008) in Betracht. Vor allem das Atophanyl, welches in Ampullen in den Handel kommt und zu fünf Kubikzentimeter intramuskulär oder intravenös gegeben werden kann, bei Fortsetzung der Behandlung durch etwa eine Woche.

Die theoretisch nicht unbestrittene Wirkung des Urotropins scheint nach klinischen Beobachtungen zu bestehen. Wir verordnen drei bis fünf Dosen täglich zu 0·5 unter Umständen auch rektal. Desgleichen empfehlen sich in schweren Fällen intravenöse Injektionen von 5·0 bis 10·0 einer 40prozentigen Hexamethylentetraminlösung (= Urotropin) oder des Cylotropins (Ampullen zu fünf Kubikzentimeter: Urotropin 2·0, Natr. salicyl. 0·8, Coffein. natriosalicyl. 0·2). Cylotropin kann auch intramuskulär injiziert werden.

Einzelne Autoren berichten über günstige Erfolge von intravenösen Cholevalinjektionen (0·1 bis 0·2 täglich in 10·0 bis 20·0 Wasser, einem kolloidalen Silberpräparat in Kombination mit Natrium choleinicum).

Daß die oben in anderem Zusammenhange erwähnten Antispasmodica (Atropin, Papaverin) auch hier zweckmäßig Verwendung finden, bedarf keiner Betonung; auch Veramon, Luminal, Brompräparate kommen in Betracht.

Es sei noch angeschlossen, daß auch beim Fehlen jeder Steinbildung im Verlaufe und in der Nachbehandlung entzündlicher Erkrankungen der Gallenwege die Karlsbader Kur in ihren verschiedenen Formen eine wesentliche Rolle in der Behandlung spielt.

Eine der wichtigsten Entscheidungen, welche an den Arzt in Fällen von Cholelithiasis herantritt, ist die Indikationsstellung zum chirurgischen Eingriffe. Wenn wir uns vor Augen halten, daß ein Steinleiden trotz stürmischer wiederholter Attacken wieder für viele Jahre, ja für die ganze Lebenszeit des Patienten völlig zur Ruhe kommen kann, wenn wir bei Obduktionen sehen, daß 70 und 80jährige Menschen infolge irgendwelcher Erkrankung sterben, die im Laufe Ihres Lebens nie Zeichen einer Gallenblasenerkrankung geboten haben, und wenn trotzdem bei ihnen zahlreiche Gallensteine gefunden werden, welche symptomlos getragen wurden, wenn wir sehen, daß solche Menschen mit einem Steinleiden alt geworden sind, wenn wir uns weiters noch des spontanen Abganges von Konkrementen erinnern, so ist es klar, daß es immer einer gewissen Prüfung bedürfen wird, bevor wir den Patienten den doch immerhin bestehenden Risken des Eingriffes und seiner Folgezustände aussetzen, um so mehr, da ja die Zahl derer nicht gar so gering anzusetzen ist, bei welchen sich trotz operativen Eingriffen, sei es durch intrahepatale Steinbildung, sei es infolge übersehenen Steines im Choledochus, sei es infolge der sich etwa entwickelnden Adhäsionen neuerliche Beschwerden oft in erheblichem Grade, ja selbst ausgesprochene Gallenkoliken wieder einstellen.

Über eine Gruppe von Fällen gibt es wohl keine Diskussion. Überall dort, wo wir die Perforation oder auch nur die drohende Perforation der Gallenblase annehmen müssen, überall dort, wo akute peritoneale Erscheinungen vorliegen, überall dort, wo wir etwa die Diagnose eines Gallensteinileus oder einer galligen Peritonitis auch ohne Perforation der Blase stellen, wird die Indikation zum chirurgischen Eingriff zweifellos gegeben sein. Mit Rücksicht auf die bei langem Abwarten rapid ansteigende Mortalität des Eingriffes wird ein auch nur kurzes Zögern nicht am Platze sein.

Aber selbst, wenn derartige dringliche Zeichen nicht vorliegen, wird der angenommene eitrige Charakter der vorliegenden

Gallenblasenentzündung, das Empyema cystidis felleae, die Annahme einer eitrigen Cholangitis oder etwa gar eines oder multipler Leberabszesse den Patienten in die Hand des Chirurgen führen müssen. Es darf auch hier vom Standpunkte der Indikationsstellung auf die Bedeutung des Blutbefundes, auf die Neutrophilie des Blutbildes und auf dessen Linksverschiebung hingewiesen werden.

In der Reihe der dringlichen Indikationen müssen wir aber auch die uns im Rahmen der Besprechung des Icterus ja besonders interessierenden Fälle von chronischem Verschlußicterus berühren. Die Anschauungen der Autoren gehen hier bezüglich des Zeitpunktes, in welchem die Operation vorgeschlagen werden soll, etwas auseinander. Wenn ich meine eigenen Erfahrungen zum Worte kommen lassen darf, würde ich glauben, daß ein Zuwarten über vier Wochen vom Beginne des Verschlusses in der Regel nicht gerechtfertigt sein wird. Ein längeres Abwarten auf spontanen Abgang des angenommenen Steines, eine längere interne Behandlung auf einem der oben vorgezeichneten Wege muß der Patient nicht selten teuer bezahlen. Abgesehen von der schweren Beeinträchtigung der Ernährung und damit des Gesamtzustandes und der sich rein anatomisch bei längerem Verlaufe ja schwieriger gestaltenden Situation ist es vor allem auch das Moment der sich entwickelnden Neigung zur Blutung, welches uns vor längerem Zuwarten warnt.

Liegen so weit die Verhältnisse relativ klar, so müssen wir uns jetzt dem Gros der Fälle von Cholelithiasis zuwenden, bei welchen die Diskussion, die Notwendigkeit des chirurgischen Eingreifens betreffend, noch im Flusse ist. Hier können wir keine allgemeinen Regeln aufstellen. Nach dem gegenwärtigen Stande der Dinge kann man weder von einer allgemeinen Berechtigung der Frühoperation sprechen, noch sich als absoluter Gegner einer solchen Frühoperation erklären. Vorläufig wird da durchaus individualisierend vorgegangen werden müssen.

Häufen sich schwere Anfälle in kurzer Zeit, treten entzündliche Erscheinungen in den Vordergrund, so werden wir besonders bei konstitutionell weniger widerstandsfähigen Kranken zur Operation raten. Zahlreiche, auch röntgenologisch nachgewiesene Steine bei jungen arbeitenden Menschen werden uns eher an einen chirurgischen Eingriff im Intervalle denken lassen, nicht zuletzt unter Berücksichtigung der ansteigenden Mortalität des Eingriffes im höheren Lebensalter. Die radikalste, von einzelnen Chirurgen aufgestellte Forderung, jedenfalls im ersten

Anfalle zu operieren, müssen wir ablehnen. Die psychische Einstellung des Patienten, die Frage, wie er das „Kranksein“ und wiederholten Kuraufenthalt „verträgt“, wird gewiß mit unser Urteil beeinflussen. Daß es auch soziale Indikationen gibt, daß wir es von der materiellen Lage, sowie den Familienverhältnissen des Patienten zum Teile abhängig machen müssen, ob wir ihn der Gefahr der Operation aussetzen, ist eine Tatsache, an der wir nicht vorübergehen können. Andererseits darf auch namentlich dort, wo Operationfurcht seitens des Kranken besteht und die Möglichkeit wiederholter Kuren gegeben ist, bei dem Auftreten wiederholter protrahierter schwerer Attacken der günstige Zeitpunkt zur Operation nicht ungenützt gelassen werden. Schwierig gestaltet sich auch die Lage bei nicht von Icterus gefolgten Adhäsionsbeschwerden und beim Hydrops vesicae felleae. Gerade im Falle von Gallenblasenhydrops werden wir uns aber, wenn Beschwerden erheblicheren Grades vorliegen, mit Rücksicht auf die relative Einfachheit des Eingriffes leicht zur Operation entschließen.

Bezüglich der Behandlung maligner Neubildungen an der Leber und an den Gallenwegen, die zu Icterus führen, kann vorläufig nur in besonderen Fällen zum chirurgischen Eingriffe geraten werden. Das isolierte Karzinom der Gallenblase, sowie das der Papilla Vateri, gibt die Möglichkeit einer radikalen Heilung. Es muß auch erwähnt werden, daß in seltenen Fällen sogar ein Übergreifen des Tumors auf das Lebergewebe einem günstigen Ausgange bei geglückter Resektion des betroffenen Leberanteiles nicht unbedingt im Wege steht.

Aber auch bei inoperablen Fällen wird bei entsprechendem Gesamtzustande an einen operativen Eingriff gedacht werden dürfen, um wenigstens eine Ableitung der Galle in den Darm, etwa auf dem Wege der Cholecystoduodenostomie zu ermöglichen. Ich kenne aus eigener Erfahrung Fälle, in welchen ein fast völliger Schwund des Icterus und monatelanges Wohlbefinden, Gewichtszunahme, sowie normale berufliche Betätigung des Kranken zu erzielen war, wenn auch der tragische Ausgang nicht abgewehrt werden konnte.

Schließlich müssen wir noch der Behandlung der mit Icterus oder Subicterus einhergehenden Anomalien, also in erster Linie des hämolytischen Icterus und der Anaemia perniciosa gedenken. Wenn wir zunächst zu der in den letzten Jahren ja im Vordergrunde der Diskussion stehenden Frage der Splenektomie Stellung nehmen sollen, so möchten wir sie für die Anaemia perniciosa auf Grund der vorliegenden Erfahrungen ablehnen. Ganz abgesehen davon, daß die theoretischen Grundlagen dieses Eingriffes bei der Anaemia perniciosa recht unsichere sind, haben statistische Untersuchungen gelehrt, daß die Lebenszeit eines splenektomierten Kranken im Vergleiche zu nicht operierten Fällen nicht verlängert ist. Ziehen wir noch die unter Umständen nicht unerhebliche Gefahrenquote der Operation selbst in Betracht, so müssen wir wohl zum Schlusse gelangen, daß praktisch gegenwärtig die Splenektomie in Fällen von Anaemia perniciosa nicht in Betracht kommt. Hiezu kommt, daß wir ja gerade, soweit die vorläufigen Beobachtungen reichen, in der modernen Therapie mit Leberkost ein sehr wirksames therapeutisches Agens zur Verfügung haben.

Im Falle des Icterus haemolyticus liegt die Frage etwas anders. Auch hier darf man sich nicht übertriebenen Hoffnungen hingeben. Wenn auch Dauererfolge in der Literatur mitgeteilt sind, sehen wir doch, daß nach längerer oder kürzerer Zeit in vielen Fällen die Beschwerden des Patienten wieder einsetzen und auch das Blut neuerlich die ursprüngliche Veränderung zeigt. In vielen Fällen werden die wesentlichen Symptome, die Mikrozytose, die herabgesetzte osmotische Resistenz überhaupt trotz des Wohlbefindens des Patienten nicht beeinflußt. Auch hier muß betont werden, daß, wo lokal komplizierte Verhältnisse vorliegen, die Operation doch zu einer schwierigen und nicht ungefährlichen werden kann. Hiezu kommt andererseits, daß ja die Mehrzahl der Fälle von Icterus haemolyticus nur geringe Beschwerden zeigt, daß der Zustand jahrzehntelang ein durchaus latenter bleiben kann, daß die Milz mäßig groß bleibt und nicht zu lokalen Beschwerden führt. Der Allgemeinzustand ist jedenfalls eingehend zu berücksichtigen. In schweren Fällen ist als vorbereitender Akt für die Operation die Bluttransfusion empfohlen worden. Alles in Allem ist die Zahl der Fälle nicht groß, in welchen wir uns zur Milzexstirpation entschließen.

Was die sonstigen therapeutischen Maßnahmen bei der Behandlung des Icterus haemolyticus anlangt, so wird in jenen Fällen, in welchen eine Malaria oder eine Lues vorliegt, — das Gleiche gilt naturgemäß auch für den Icterus, der sich im Verlaufe eines Schwarzwasserfiebers einstellt —, die Grundkrankheit naturgemäß entsprechend zu behandeln sein, gleichgiltig ob wir uns auf den Standpunkt stellen, daß es sich zum Beispiel um einen echten luetischen, also erworbenen Icterus haemolyticus handelt, oder ob wir annehmen, daß auch hier nur ein Aufflackern eines latenten familiären Icterus haemolyticus vorliegt.

Es werden ferner beim Icterus haemolyticus alle Maßnahmen, welche den Gallenabfluß steigern, die wir ja oben ausführlicher besprochen haben, indiziert sein. Auch hier wird die duodenale Behandlung ihren Platz finden. Bei auftretenden Zeichen einer haemorrhagischen Diathese wird — das gilt für die analogen Zustände im Laufe der Anaemia perniciosa — entsprechend vorzugehen sein.

Daneben kommt Arsen- und Eisenbehandlung in Betracht, Klimawechsel, namentlich Aufenthalt in höheren Lagen. Daß die für die Anaemia perniciosa angegebene, auch bei Anämien anderer Art vorgeschlagene Leberdiät beim Icterus haemolyticus wirksam ist, darüber liegen bereits Erfahrungen vor. Die Leberdiät (das ist der wochen- und monatelang fortgesetzte reichliche Genuß, etwa 150 bis 300 Gramm täglich, der verschiedensten aus Säugetierleber bereiteten Speisen) wird gewiß auch in diesen Fällen zu versuchen sein. Das gleiche gilt für die vielfach hergestellten Leberextrakte, wie das an der Klinik verwendete Procythol, wenn auch hier ein reichlicheres Beobachtungsmaterial noch nicht vorliegt.